TRASPARENTE
東京名店的麵包哲學

森 直史 著

瑞昇文化

自己的職責與這 10 年來的收穫

這間店已經開了十年，第一次出書也是八年前的事了。

有些人跟當時一樣，每天和我一起笑著製作麵包與蛋糕，有些人十分受到商店街全體人員的喜愛，有些人曾經到外地鑽研手藝後，又回到此處，有些新同伴們則運用自己的經驗，和我一起互相扶持，協助店內的經營工作。雖然我獲得了很多，但改變的事物也許出乎意料地少。我依然每天站在廚房內，思考著如何將麵包烤得更好吃。

雖然當時店內只有約 5 個人，但現在公司的員工人數已達到 90 人以上。由於我是公司老闆，所以還有許多廚房以外的工作，但我和同伴們基本上都沒有變，我認為這十年過得相當棒。在這段期間，我變得經常會去思考自己的職責。在每天的生活中，我都會去注視、思考身為一個成年人的職責、身為主廚的職責、身為老闆的職責、身為學校老師的職責，並去完成這些職責。

雖然食品製造業的工作有其樂趣所在，但在餐飲業界，成本高漲、人才不足等難題卻每年都在增加中。20 歲的年輕人雖然夢想著成為麵包師或蛋糕師，但卻因為對於這個世界失去希望、感到無趣，感受到現實的嚴苛，因此每天都很痛苦。因此，我認為，展現出「願意和這些年輕人一起承受壓力，挑戰難題的態度」應該很重要吧。如此一來，我覺得自己就能當一個能夠表達「不需要放棄想做的事」這種想法的成年人。

由於我受到很多人的幫助才達到今天的成果，所以我覺得這次應該輪到我去幫助許多年輕人實現夢想。同時，我也希望這家麵包店是一個能夠清楚地表達「就算作夢也無妨」這種想法的組織。

在今後的 10 年，我也許要肩負比現在更多的職責，但我希望自己能和充滿個性的夥伴們一起成為能夠傳遞夢想的成年人。

森 直史

專注於團隊合作

　　雖然在本書中，我擔任的是「TRASPARENTE」的製作負責人，但我平常是在東京‧立川的店鋪「Sesto」擔任店長。

　　「Sesto」開幕於 2016 年，相當於「TRASPARENTE」的第 6 家店。該店位於立川車站大樓內，雖然我一開始不習慣這種地點，有時會感到很辛苦，但現在已經變得能夠和可靠的工作團隊一起迎接眾多客人了。

　　身為店長，我很重視以下兩點。那就是「全體員工都能笑著工作」，以及「當某個員工遭遇困難時，希望大家能盡量共同分擔」。

　　某天，剛畢業的銷售員出現了手腕疼痛的情況，操作義式濃縮咖啡機時，似乎很痛苦。由於一天內要持續沖泡 100 杯以上的咖啡，所以無論如何，都會對手腕造成很大的負擔。她本人覺得，不能造成周遭其他人的麻煩，所以想要隱瞞手痛的事。看到她的情況後，我直接向其他員工提出請求：「當她休息完，返回工作崗位後，希望大家能舉起右手這樣說。」

　　『妳的手腕就是大家的手腕。』

　　當某個人的身體不舒服時，只要身體健康的人多努力一點就行了。這是看到重視團隊合作的員工們後，我所學到的事。在她本人的努力與周遭人們的溫馨協助下，她現在已經成長為，比誰都來得細心，且有能力協助其他人的員工。我們的店就是像這樣地，與那些令人引以為傲，且總是能夠為某個人而努力的員工們，一起一步步地慢慢向前邁進。

　　「TRASPARENTE」在製作麵包與面對客人時，很重視各分店的想法。希望大家務必要走進店內來感受這份溫暖。

染谷 茜

TRASPARENTE
的麵包哲學
目次

序言

自己的職責與這 10 年來的收穫　2

專注於團隊合作　3

「TRASPARENTE」的一天　8

Chapter_1

會進化的麵包～「TRASPARENTE」的特色～　14

蜂蜜麵包　16

貓咪麵包　20

古蘭諾小麥麵包　24

方形麵包　28

葡萄乾胡桃麵包　32

蔬菜佛卡夏麵包　36

義式小角麵包　40

酪梨煙燻牛肉布里歐三明治　44

煙燻火腿三明治　46

義大利脆餅　48

磅蛋糕　50

Chapter_2

讓一種麵團變化成多種麵包　52

關於材料　54

基本的麵包做法　58

「TRASPARENTE」所使用的麵團　62

為了讓麵團變化成各種麵包　64

龐多米麵團　66

法式長棍麵團　72

紅酒長棍麵團　78

鄉村麵團　80

魯邦種麵團　84

佛卡夏麵團　88

可頌麵團　92

牛奶麵團　98

布里歐麵團　101

維也納麵團　104

田園風麵團　106

貝果　108

英式瑪芬　110

甜塔皮　112

馬卡龍　116

傑諾瓦士蛋糕　118

司康鬆餅　121

瑪芬蛋糕　124

何謂麵包店獨有的配方標示方式「烘焙百分比」？　87

Chapter_3

配料與麵包的美味和聲　126

若沒有蔬菜、水果、火腿、起司，就做不出「TRASPARENTE」的麵包　128

思考與蔬菜之間的搭配方式　130

思考與水果之間的搭配方式　134

思考與加工食品之間的搭配方式　138

思考與香草植物、堅果、果乾之間的搭配方式　142

最後再加把勁。潤飾工作的樂趣　146

糕點與配料的甜蜜關係　148

Chapter_4

能夠享用麵包的咖啡館空間　150

想要咖啡館空間　152

咖啡館空間更加充實的店面1 Sesto（立川店）　158

咖啡館空間更加充實的店面2 Quinto（鵠沼海岸店）　162

用來點綴擺放著麵包的餐桌的物品　166

Chapter_5

為了讓麵包店持續受到人們喜愛　168

掌握顧客所追求的事物　170

所謂的打造店面　174

和全體員工一起工作　178

身為大家的領導者　181

「TRASPARENTE」的未來展望　184

「TRASPARENTE」的所有店面　190

※ 在「TRASPARENTE」店內，依照早上、中午、晚上等不同時段，所陳列的商品會有所差異。

※「TRASPARENTE」所販售的麵包會依照季節來變更蔬菜與水果等配料。也會隨著季節來替換麵包種類。

※「TRASPARENTE」的商品包含了，「曾刊登在本書中，但現在已不生產的品項」、「依照季節與店鋪而有所差異或不販售的品項」、「變更過形狀、大小、配料的品項」、「應顧客要求而再次販售的品項」。

※「TRASPARENTE」的材料會依照進貨情況與價格變動等因素而改變。有時也會因為這個理由而不得不調漲麵包與糕點的價格。

※ 當某項產品適合採用麵粉等特定商品時，會標明廠商的商品名稱。

※ 以店鋪為首的相關資訊是截至2018年9月為止的資料。

早上

早上9點。以走路上班上學者為首的形形色色民眾，在「TRASPARENTE」中目黑店所在的商店街內來來往往，其中也有散步的人、外出的人。開店時，陳列架上擺放的麵包約為7成滿。來客高峰期為午餐需求增加的11點左右。為了應付此時段，廚房內最忙碌的時期果然還是早上。有的員工從清晨就開始工作，熟食類麵包不斷地從烤箱中出爐。麵包銷售處這邊反而會有點悠閒。有的人會在上班途中順路過來，迅速地購買商品，有些住在附近的顧客則會慢慢地挑選麵包，悠哉地喝咖啡。

1 搬出黑板招牌、盆栽、露臺用的餐桌和椅子，等待開店。2 將裝設在玄關大門上方的店名燈具點亮，開始營業！3 開店時間為9點。此時，擺放在陳列架上的麵包約為7成滿。4 有的客人一開店就來了。也有許多常客。5 上午所擺放的麵包會以「大多想要買來當作午餐的熟食類麵包」為主。6 收銀台後方的架子被設計成用來擺放土司麵包和等待上架的麵包。7 上午的最後一項工作是製作用來當作午餐的三明治。8 麵包陳列架的對面為冷藏櫃。三明治會擺放在此處。9 麵包陳列架兼收銀櫃台與土司麵包陳列架之間隔著走道，廚房也設置在此處。10 土司麵包陳列架有2排。架子設計成只要伸出手就能順利取出麵包的高度。11 熟食類麵包持續地在廚房內被製作出來。12 當顧客想買土司麵包時，店員會詢問種類、厚度，並當場切片。

中午

上午 11 點。在此時段，陳列架上擺滿了麵包，冷藏櫃內也放了種類齊全的三明治。店內沒有排隊人潮，顧客將各種麵包放上托盤。依照順時針方向，依序為三明治、大型麵包、土司麵包、熟食類麵包、有點甜的麵包，顧客可以順暢地繞一圈。正因為採用這種動線，所以即使人潮擁擠，也不會變得混亂。廚房的員工會幫忙擺放商品與招呼客人，員工們全心全力地聚集在麵包銷售處。店內的這種忙碌景象會持續到下午 1 點過後。

1 店內擺放最多商品的時段是 11 點左右。2 從中午開始，硬麵包的種類也會變得齊全。為了讓人一看就明白，麵包的前端形狀與切痕都有經過一番設計。3 冷藏櫃內也裝滿了三明治。其下層會擺放表面包覆了配料的甜麵包。4 也有不少客人買了麵包後，會在店內當成午餐來享用。5 由於有設置露臺座位，所以有些客人會在戶外吃。6 在午餐時段，不管擺上多少熟食類麵包，都會不斷地賣出。7 咖啡館菜單中的帕尼尼三明治在午餐時間也是持續熱銷。8 土司麵包的出爐時間為 10 點、中午、下午 4 點。從下午開始，想買土司麵包的顧客就會增加。9 以點心時間為目標，一步步地進行甜麵包的準備。10 有空的員工會不斷地將麵包上架。11 從下午開始，也會準備隔天要用的麵團。12 從中午到傍晚是咖啡館空間的使用高峰期。

傍晚

傍晚 6 點。距離關店還有 1 小時。經過中午的高峰期後，下午會比較悠閒一點。在「TRASPARENTE」店內，並不會在上午就一次將麵包全部烤好，一口氣上架。由於店家想要盡量供應剛烤好的麵包，所以晚班的廚房員工會先確認中午的高峰期情況後，再製作關店前所需的麵包。一邊烤麵包，一邊準備隔天要用的麵團。快要關店時，顧客會急忙走進店內，迅速地買完東西。為了方便顧客購買，員工會事先將麵包放進塑膠袋內，然後再上架。每天都要像這樣地，將多達 1500 個麵包交到顧客手上後，才會結束一天的營業。

1 一過了傍晚，就會來到回家的時段。商店街內的往來行人增加了。2 廚房內會再多烤一些麵包，並頻繁地上架。當關店時間快到時，大部分的商品都賣完了。3 將土司麵包切片，裝入袋中，擺放在收銀台前。4 原本堆得像座山的蜂蜜麵包也只剩一根。5 把加了果乾的硬麵包切成小片，提高顧客的購買意願。6 帕尼尼三明治原本會等到顧客點餐後再開始烤，從傍晚開始，為了讓人能夠馬上品嚐，所以會事先烤好，放在架上。7 切成小塊來賣的麵包會事先裝進塑膠袋內，減少收銀員的工作。8 把還沒賣完的商品集中起來，放在收銀台附近。9 事先把已售完的麵包的標價卡收在一起，也是重要的工作。10 事先把用完的攪拌器洗乾淨，並蓋上保鮮膜。11 負責材料訂購的是廚房的員工。12 將放在外面的黑板招牌、餐桌、椅子搬進店內，關閉鐵捲門，結束一天的營業。

Chapter 1

會進化的麵包
～「TRASPARENTE」 的特色～

有些麵包從 2008 年開店以來就持續在製作。
這些麵包已完全成為經典商品，
有些麵包的做法仍與開店時相同，
也有不少商品雖然看起來沒有變，
但其實進行了微調與改良。
另一方面，也有從新款麵包晉升為經典麵包的商品。
另外，店面增加後，即使採用相同食譜，
各店所製作的麵包卻會呈現出不同氛圍，這一點也是有趣之處。
讓我們來瞧瞧改變之處、不變之處，以及各店的麵包差異吧。

蜂蜜麵包（Con Miel）
鹹甜滋味會令人上癮的細長棒狀麵包

「con」指的是英文中的 with，「miel」則是蜂蜜的意思。沒錯，這就是使用蜂蜜製成的麵包。雖然在烤之前會撒上珍珠糖，烤好後會塗上蜂蜜，最後再灑上糖粉，但味道並非只有甜味。其實，在烤之前，會將大量的鼠尾草奶油擠進縱向的切痕中。因此，此麵包也會帶有奶油的鹹味，味道又甜又鹹。這種鹹甜滋味正是讓蜂蜜麵包之所以是蜂蜜麵包的味道。我認為，在法式長棍麵團中加入各種巧思並非罕見的做法。不僅限於法式長棍麵包，通常，在決定麵包最後的味道時，往往會從「甜味、鹹味、辣味」這些味道中挑選一個大方向，當然，有許多麵包就是這樣做出來的，但我的看法為，光是那樣的話，就太沒意思了。

我覺得「將多種味道搭配在一起」是件有趣的事，而且無論如何都會想要那樣做。雖然蜂蜜麵包乍看之下很單純，但我認為那就是能夠呈現出這項特色的麵包。雖然將蜂蜜、糖粉用於製作麵包並不罕見，但我還加上了鼠尾草奶油。使用鼠尾草奶油的靈感是源自於義大利料理。我在義大利學藝時，奶油和鼠尾草的搭配是非常普遍的。

鼠尾草奶油應該可以說是類似法式田螺奶油醬（escargot butter）那樣的東西吧。由於奶油中混入了香草植物，所以藉由將這種奶油大量加進食材中，就能增添奶油與香草植物的風味，在吃的時候，奶油那種「一口氣擴散開來的感覺」能夠進一步地促進食欲。這種麵包也適合當成一道用來搭配葡萄酒的料理。

之所以會下定決心讓麵包長度達到烤盤短邊長度的極限，烤出細長造型的麵包，也是為了讓人對外觀留下強烈印象。不過，由於長度畢竟很長，所以當顧客帶著「有必要那麼長嗎」這種想法而買下此麵包時，店員還是會詢問客人「要切嗎」。

『TRASPARENTE的麵包做法』（當時為2010年）當中的蜂蜜麵包

從開店以來就一直存在的商品。大概是因為「沉甸甸地擺放在收銀台附近，呈現出存在感」
這個方法奏效了，所以立刻就成為人氣商品。現在仍持續採用當時的做法來製作。將麵包交
給顧客時，會依照顧客的需求來分切，或是用蠟紙包起來。

學藝大學店的蜂蜜麵包

該店的產品吃起來最能夠感受到麵皮的 Q 彈感。長度略短。珍珠糖也放得較少。雖然是細長筆直的麵包，但邊角稍微帶有弧度，帶有一種柔和的氛圍，這點也很有趣。

都立大學店的蜂蜜麵包

這是外觀極為簡潔有力的蜂蜜麵包，和外觀一樣，口感很酥脆。吃的時候，與其說美味在口中擴散，倒不如說，美味會沁入心脾，慢慢地滲透。

貓咪麵包

酥酥脆脆的可頌麵皮與水果的和聲

　　這種甜麵包採用可頌麵團、糕點用的派皮製成，尺寸很小，兩三口就能吃完。雖說都是可頌麵包，但不同店面所製作的麵包會讓人感受到明顯差異。「TRASPARENTE」的可頌比一般法式可頌略甜。

　　味道當然不用說，我認為最大的特色在於口感。會這樣說是因為，「TRASPARENTE」的可頌不是普通酥脆，而是非常酥脆。烤出來的顏色也較深。如此一來，人們往往會認為麵粉的比例較高，其實奶油的比例較高。透過基本麵團（detrempe，使用麵粉和水製成的麵團）來確實地讓奶油麵團變得均勻，接著再仔細地包起來，就會形成這種口感。

　　最後把鮮奶油和水果放在此可頌麵皮上，就能完成貓咪麵包。雖然這是從「TRASPARENTE」開店以來就存在的商品，但當時與現在不同，並非主力商品。該商品原本的名稱為「水果接力棒（Bastone fruta）」，麵皮長度為現在的3倍，上頭也放了水果。該商品縮小後，就成為了貓咪麵包。

　　說到貓咪麵包與水果接力棒所使用的水果的差異的話，答案為水果的特性。舉例來說，只要把像杏桃那樣形狀圓滾滾的水果放在正方形的貓咪麵包上，就更能提升視覺效果。依照要突顯何者來變更麵皮的大小。照片中的麵包，以杏桃為首，使用了西洋梨、黑櫻桃、柑橘、白無花果。

　　貓咪麵包中所蘊藏的另一個目標為，想要製作出，手中緊握著零錢的小孩子來到店內也買得起的商品。實際上，貓咪麵包只要一個百圓硬幣再加幾圓就能買到。不管是奶油也好，還是麵粉也好，成本的上升雖然令人難受，但我的目標為，打造出受到附近民眾喜愛的店，而不是「雖然好吃，但很高級，令人無法輕易走進去的店」。由於我希望民眾能將本店理解成「只要到那裡去，就能用實惠的價格買到麵包」，所以我覺得這種商品反而要特別重視。

　　當然，如果大家願意和午餐要吃的三明治等麵包一起買，或是買來當作麵包甜點的話，我也會很開心。

『TRASPARENTE的麵包做法』（當時為2010年）當中的貓咪麵包

基本上與貓咪麵包相同，使用長度為 3 倍的麵皮來製作，上面放上水果。雖然現在已經在製作貓咪麵包，並恰如其分地成為熱賣商品，不過當時這種尺寸才是主流。也曾製作過不放水果，而是放上紅豌豆的商品。

學藝大學店的貓咪麵包

與中目黑店相比，形狀比較圓潤一點，可愛感很突出。即使同樣地使用相同的水果，依照擺放方式、最後撒上的糖粉或覆盆子粉的量與場所，給人的印象就會改變，並呈現出柔和的氛圍。

都立大學店的貓咪麵包

四個角落像是角一般地尖尖立起來，呈現出有如花紋般的模樣。在製作貓咪麵包時，要在麵皮上做出凹陷處，並把奶油鋪在該處，放上水果。當此凹陷處稍微比較深時，水果就會顯得較低調，使麵包形成端正緊實的外觀。

古蘭諾小麥麵包
使用和啤酒很搭的毛豆所製成的麵包

「古蘭諾」指的是小麥。在法文中，應該也有人會使用「Epi」來稱呼這種麵包吧。在麵包店內，一說到「Epi」的話，指的就是麥穗形狀的麵包，此古蘭諾小麥麵包也正是那種麵包。直到「使用法式長棍麵包的麵團」這點為止，都和一般的麥穗麵包相同。

法國的 Epi 指的是，在麵團上畫出切痕後所形成的形狀本身，麵包本身採用單純的法式長棍麵團，但在日本所看到的這種麵包，大多會加入培根或起司。說到「TRASPARENTE」的古蘭諾小麥麵包長得如何，答案為配料很多。放入毛豆與培根，烤好後，配料幾乎都要露出來了。「使用很多配料」的做法原本就不僅限於古蘭諾小麥麵包，在其他麵包中也會這樣做。在此涵義上，我認為此麵包很有「TRASPARENTE」的風格。

這款麵包的設計靈感來自於大眾餐館。雖然毛豆是一種很受人們歡迎的食材，但卻很少人會將其和麵包搭配在一起對吧。由於我自認對麵包的認識很廣，所以我相信只要巧妙地將食材和麵皮結合，無論是什麼食材，都能順利地融入麵包中。我挑選的麵團是法式長棍麵團。在「TRASPARENTE」的法式長棍麵包中，會使用最低限度的酵母菌來充分地展現出麵粉的風味。而且，藉由烤成較深的顏色，也有助於提升風味，使其成為特色。

負責撮合法式長棍麵團與毛豆的是培根。讓切成方便食用尺寸的培根和毛豆一起隱身在麵團之中。增添了培根的濃郁風味與鹹味後，肯定和啤酒很搭。

簡單的麵包可用於正餐，甜麵包可當成點心，重視飽足感的披薩類麵包與三明治也各自在餐桌上扮演著相應的角色。我覺得，如果有更多這種可以用來下酒的麵包的話，應該會很有趣吧。

『TRASPARENTE的麵包做法』（當時為2010年）當中的古蘭諾小麥麵包

從開店以來，就擁有引以為傲的穩定人氣。綠色的毛豆與麥穗造型很顯眼，「咦！是毛豆？」
對此感到興趣而購買的人成為了忠實顧客，並一直持續到現在。雖然食譜完全沒變，不過由於
現在的中目黑店會使用石窯，所以烤出來的顏色較明顯。

學藝大學店的古蘭諾小麥麵包

外觀比較飽滿一點，與中目黑店相比，烤出來的顏色較淺。由於採用不同的切痕切法，而且露出來的毛豆與培根只有稍微上色，所以會呈現出柔和的風貌。即使做法和材料都相同，烤箱的差異也會在這種地方展現出來。

方形麵包
使用 100% 北海道產小麥做出吃不膩的味道

　　若目標是受到在地人喜愛的麵包店的話，那土司麵包就是不可或缺的商品。我認為，有許多人會把土司麵包切片，當成早餐，若當天的晚餐是西式料理的話，土司也可能會以主食的身分出現在晚餐的餐桌上。也有人會將土司做成三明治，來當作自備的午餐吧。我的目標為，做出方便的土司麵包，可用於各種情境，即使每天吃也不會膩。

　　適度的 Q 彈感與入口即化感、恰到好處的彈性與舒適的柔軟度。我認為沒有特別突出之處的樸實土司麵包才是「我想要的風格」。用嘴巴說總覺得很簡單，但要取得平衡卻是個難題。另外一點則是，要做出當天吃很好吃不用說，即使到了隔天，還是很好吃的麵包。這部分應該會是麵包師的拿手好戲吧。

　　負責維持這種理所當然的美味的要素之一為麵粉。「TRASPARENTE」目前所使用的是 100% 北海道產的「蝦夷鹿麵粉」。有做過麵包的人也許會知道這件事。與他國小麥相比，日本產小麥被視為「製造時的處理難度較高」、「品質不穩定」，不過這些問題大多已經解決了。由於該麵粉具備「極為溫和的風味」與「容易被人體吸收的特性」，所以正適合做成平常所吃的麵包。

　　以 1 天要烤 80 斤（註：用於土司麵包的單位，1 斤約為 340 ～ 500 克）的方形麵包為首的土司麵包類，不會擺放在一般的陳列架上。這點跟土司麵包很佔空間也有關係。來買土司麵包的人大多為附近的民眾。為了一邊確保這些人的「平常吃的麵包」，一邊向顧客展示土司麵包的種類，所以會將其放在收銀台後方的架上。雖然擺放的位置比較裡面一點，不過由於位在收銀台的對面，所以顧客看得到。想要買的人會看著架上，說出「啊，我也要買土司」。

　　而且，由於以方形麵包為首的土司麵包是「平常吃的麵包」，所以不同人所講究的部分與喜好也不同。在「TRASPARENTE」，不會事先將土司麵包切片，而是會先詢問顧客想要的厚度後，再切片。

『TRASPARENTE的麵包做法』（當時為2010年）當中的方形麵包

在「TRASPARENTE」剛開幕時，從材料、做法、價格等各種觀點來反覆討論後，才做出土司
麵包。與目前產品的差異在於麵粉。當時使用的是北海道產的「蝦夷人麵粉」，由於已經停產，
所以現在改用味道與風味很接近，供應量也很穩定的「蝦夷鹿麵粉」。

學藝大學店的方形麵包

在外觀不會過於工整的地方,可以感受到不裝腔作勢的包容性。雖然具備Q彈感,但也夠柔軟。由於學藝大學店是與當地關係更加緊密的店鋪,所以土司麵包是熱門商品。

都立大學店的方形麵包

此方形麵包的質地細緻,外觀較為端正。大概跟烤箱的差異也有關係吧,都立大學的麵包表皮會呈現出截然不同的光滑感。雖然人們認為土司麵包沒有獨特之處,但比較過後,就會發現各店麵包的外觀與味道都稍有差異。

「Panis da Vinci」的方形麵包

「Panis da Vinci」位於東京都飯田橋的商業大樓內。方形麵包也是該店的主力商品。此商品在外觀與味道上都取得了更好的平衡。不僅會販售切成8片的土司麵包,也常販售三明治專用的10片裝商品。

葡萄乾胡桃麵包

受到麵包愛好者喜愛的
厚重型麵包也是經典商品

葡萄乾胡桃麵包採用鄉村麵團所製成，裡面放了大量的葡萄乾與烤過的胡桃。我認為這種麵包能與「常見的土司麵包、很多人喜愛的法式長棍麵包、使用大量奶油製成的可頌等」麵包並列，具備鄉村麵包質樸感的厚重型麵包也是麵包店不可或缺的商品。

我曾在義大利學藝，實際在當地見過麵食文化後，我覺得「還是鄉村麵包帶有歐洲土地的味道」。雖然並非要回歸到食物的原點，但我認為這是不可或缺的重要商品。在鄉村麵包中加入葡萄乾和胡桃來增添甜味與香氣的葡萄乾胡桃麵包，也可以說是一種「能充分地感受到大自然恩惠」的麵包。

目前，會到麵包店內找尋鄉村麵包類產品的人更是增加了許多，實際上，我覺得麵包愛好者具備「尋求味道既純樸又深奧的麵包」這種傾向。話雖如此，2008年本店剛開幕時，對吃慣日式軟麵包的人來說，這種麵包會讓人覺得「好硬」而感到不協調，還很難說是很普及的商品。與當時相比，我深深地感受到，這種麵包也在日本變得深入人心了啊。

使用鄉村麵團製成的麵包，既質樸又扎實。雖然沒有裝飾過的華麗外表，但卻反而更容易展現出麵包店的特色。用來構成「TRASPARENTE」風格的是麵粉。把黑麥的比例提高到3成，而且也使用細磨的黑麥，藉此就能讓人確實地感受到風味。

葡萄乾胡桃麵包是使用鄉村麵團所製作而成的經典款麵包，在「TRASPARENTE」店內，有許多顧客會購買。雖然想把鄉村類麵包烤得大一點，不過由於現代家庭的家中成員已變得較少，所以事實上「只想稍微吃一點」的需求正在增加中。因此，我們會準備500g與200g這兩種尺寸。同時也會販售「不僅方便食用，而且看到橫切面後會讓人想要買」的切片麵包。

『TRASPARENTE的麵包做法』（當時為2010年）當中的葡萄乾胡桃麵包

葡萄乾胡桃麵包這類使用加入了黑麥的鄉村麵團製成的麵包，是很受到麵包愛好者歡迎的商品。
在固定的客群中，具備根深蒂固的人氣，從開幕以來，就沒有變更過食譜等，不過由於烤箱不同，
所以比起當時的麵包，現在的麵包會呈現出更加柔和的樣貌。

學藝大學店的
葡萄乾胡桃麵包

與長邊平行的切痕較深，
側面的斜向切痕則較淺，
如此一來，就能呈現出多
樣化的樣貌。再加上揉麵
團的習慣與個人喜好，所
以最後會形成「有如從兩
側按住，且稍微有點平
坦」的外觀。

都立大學店的
葡萄乾胡桃麵包

中目黑店與學藝大學店
的切痕切法基本上是一
致的，相較之下，在都
立大學店的產品中，則
會讓切痕稍微地轉動。
先將麵團揉成較細的形
狀後，宛如法式長棍麵
包那樣，在表面劃出略
深的切痕。即使同樣都
是葡萄乾胡桃麵包，歸
功於這種做法，此商品
會給人一種鮮明俐落的
印象。

蔬菜佛卡夏麵包

顧客會很期待麵包上放了什麼蔬菜。
自由自在地使用當季蔬菜來當作配料

　　季節當然不用說，最容易讓各店呈現出差異的商品，應該就是這款蔬菜佛卡夏麵包吧。這是因為，即使採用相同食譜，每家店的每位麵包師所做出來的味道都不一樣，再加上配料的食材會交由各店負責。即使使用相同蔬菜，麵包的樣貌也會因為切法、擺放方式、搭配方式而一口氣改變，這一點讓人感到十分有趣。

　　蔬菜佛卡夏麵包可以說是單人獨享的披薩。話雖如此，麵包部分採用的是充分地使用了橄欖油的鬆軟佛卡夏麵團，配料則是以新鮮蔬菜為主。

　　說到佛卡夏麵包的話，我認為經典作法為，將麵團擀成較大片，放在烘焙紙上烤，會添加的配料為迷迭香、橄欖、番茄乾，但若只有這樣的話，就太可惜了。佛卡夏麵團還有很多可能性，而且我想在麵包中吃到很多蔬菜。這款麵包也算是展現出了我的那種想法。

　　佛卡夏麵包也可以說是，能讓曾在義大利學藝的我發揮本領的麵包。基本上，會先忠實地呈現道地滋味，然後再依照日本人的口味來進行調整。以麵粉為首的材料會挑選高品質的產品，如此一來，即使只有麵包，也能呈現出高完成度的味道。藉由加入了較多酵母菌的麵團，等到開始生產後，就能比較早上架，這點也是特色之一。因此，本店的優勢在於，即使在中午時段與商品全部賣完時，也能立刻上架。將蔬菜煮過或烤過，進行各類麵包的事前準備工作，然後放在麵團上烤好後，麵包就完成了。

　　使用數種蔬菜來當作配料。我的作法為，先決定主要食材，然後再去思考什麼食材比較適合當作次要食材。思考顏色的搭配也很有趣。感覺就像是，將佛卡夏麵團當成畫布，在上面作畫。擺放食材時的重點在於，決定重心，並要鞏固周圍部分，以避免食材偏移。也不能忘了方便食用性。為了讓人在咀嚼時能感受到良好口感，所以要先將各食材切成適當大小後再使用。

『TRASPARENTE的麵包做法』（當時為2010年）當中的蔬菜佛卡夏麵包

由於使用當季蔬菜，所以食材會經常改變。照片中的商品是夏季的蔬菜佛卡夏麵包。這款
商品設計成讓人可以美味地品嚐到青椒、秋葵、番茄、蠶豆等大量夏季蔬菜與麵包。

「Quinto」的
蔬菜佛卡夏麵包

熱騰騰的現烤蔬菜佛卡夏
麵包。鬆軟飽滿的成品看
起來的確很美味。藉由立
體的擺放方式來呈現出帶
有躍動感的樣貌。透過使
用綠色、紅色、黃色的黃
綠色蔬菜，也能提升外觀
給人的飽足感。蔬菜使用
的是湘南當地的產品。

「Sesto」的
蔬菜佛卡夏麵包

販售此蔬菜佛卡夏麵包的
店面位於 JR 立川站的車
站大樓內。當天的食材是
當地採收的蘆筍、櫻桃番
茄、青蔥、香菇。大概是
因為位置距離市中心稍
遠，所以在商品組成上，
比起前衛時尚的產品，店
家更加重視能讓顧客感到
親切且購買意願較高的產
品。

義式小角麵包

成年人也能盡情享用的
「TRASPARENTE」版巧克力螺旋麵包

　　只要年齡到達某種程度，應該都會對巧克力螺旋麵包產生某種懷舊感吧。說到有加巧克力的麵包的話，無論如何都很容易讓人產生兒童取向的印象。此麵包的製作目的就是為了讓成年人也能感到滿足。實際上，這款麵包不僅可當成兒童的點心，連成年人也能盡情享用。若此麵包能夠成為老少咸宜的長賣商品的話，我會感到非常高興。

　　巧克力鮮奶油使用了黑巧克力來製作，並加入蘭姆酒。大量地塞入巧克力鮮奶油，使其快要溢出來，這種做法正是「TRASPARENTE」的風格。熟食類麵包中的蔬菜等也是如此，使用的食材份量會讓客人覺得「居然多成這樣」，之所以這樣做是因為，我覺得較多的份量有助於讓消費者感到開心。

　　麵團使用的是牛奶麵團。牛奶麵包指的是，有加入牛奶的麵包。使用此麵團製作而成的麵包，能夠藉由牛奶的作用來呈現出輕柔的溫和滋味。以義式小角麵包為首的鮮奶油麵包這類在日本從以前就很受歡迎的甜麵包，正適合採用這種麵團。

　　義式小角麵包的整型方法為，先將麵團擀成長條棒狀，然後再將麵團條捲在棒狀模具上。此時，「麵團的粗細度與厚度、捲起來時的微妙傾斜角度與麵團的貼合方法、擠鮮奶油時的最後動作」這些因素都會使麵包的樣貌產生變化。乍看之下微不足道的動作經過累積後，就會形成製作者的特色，這也是做麵包的有趣之處。雖說都是甜麵包，但只要徹底地研究做法，就能一口氣做出很有特色的麵包，這款麵包就是一個好例子。個性指的應該不是標新立異，而是經過徹底研究，並化為實體後，就會自然地呈現出來的特色吧。

『TRASPARENTE的麵包做法』（當時為2010年）當中的義式小角麵包

無論是當時還是現在，都會擠上快要滿出來的巧克力鮮奶油。雖然沒有變更麵團份量與鮮奶
油的重量，但有一點是不同的。那就是麵粉的調配比例。藉由變更比例，就能呈現出飽足感，
做出口感輕盈的麵團。

學藝大學店的義式小角麵包

這款義式小角麵包帶有自然的弧度，給人一種很天然的印象。中目黑店的商品在烤之前與烤好後都會塗上蛋液來呈現光澤感，但學藝大學店的商品不會進行這項步驟。把麵包烤成自然的顏色也有助於呈現出天然感。

都立大學店的義式小角麵包

都立大學店的商品最接近所謂的巧克力螺旋麵包。塗上蛋液後，烤好的麵包表面會帶有範例般的漂亮顏色，烤好的成品也很飽滿。若說中目黑的商品很時尚的話，那此店的義式小角麵包就很迷人。

酪梨煙燻牛肉布里歐三明治

略甜的麵包和辛香料風味很突出的火腿非常搭

　　在許多種三明治當中，這款商品只要一上架就會迅速售出。土司麵包中夾了辛香料風味很突出的煙燻牛肉與酪梨，是一款看起來份量十足的三明治。在午餐時段，三明治的需求量非常高。中目黑這個地區不僅有許多居民，也有很多上班族。由於也有想吃得很飽的年輕人，所以店家很重視「味道與外觀都能滿足客人」這一點。店家將售價設定在一個 500 日圓硬幣有找的價格帶，顧客應該也會感到非常划算吧。

　　使用的麵包乍看之下像是使用龐多米麵團製成的基本款土司麵包，但在法式料理等當中，為了讓水果等食材製成的甜醬汁和肉很搭，所以略甜的麵包適合搭配凝聚了肉類鮮味的加工食品。之所以使用布里歐麵團製成的土司麵包，就是因為這個理由。而且，會大量地放上先縱切成兩半後再切成片狀的酪梨。也會夾入芝麻菜和紅葉萵苣來增添清脆口感。

　　搭配的醬汁是由蛋黃醬和芥末醬混合而成。讓溫和的辣味來調和整體的味道。

「Sesto」的
酪梨煙燻牛肉
布里歐三明治

即使同樣都是三明治，比起飽足感，本產品更加重視方便食用性。就算不把嘴巴縱向地張大，也能完全塞入口中。與其說是份量充足，倒不如說是將商品做成能透過適當的份量來獲得滿足感。

煙燻火腿三明治

重點在於，簡單地完成產品，不做多餘的事

　　此三明治的做法很簡單，就是把煙燻火腿（經過鹽漬和煙燻的豬肉）和切達起司包進法式長棍麵包中。依照麵包的特色，三明治的做法也會產生很大的變化。

　　土司麵包就像白飯那樣，跟任何食材都很搭，就算份量很多也沒問題，但若是法式長棍麵包的話，情況就不一樣了。會這樣說是因為，法式長棍麵包這類麵包一入口時，美味的擴散方式與其說是立即性，到不如說是漸進式的。既然如此，搭配的食材也比較適合選擇「成分極為單純，且能發揮其味道」的產品。

　　在此三明治中，搭配使用的煙燻火腿和切達起司雖然帶有溫和的扎實美味，但卻不會搶味。各食材能夠很自然地襯托出法式長棍麵包的美味。

學藝大學店的 法式長棍 胡桃三明治

即使同樣都是使用法式長棍麵包做成的三明治，學藝大學店的商品卻有很大的變化。法式長棍麵包中加了胡桃。用來搭配麵包的起司是卡芒貝爾起司，加工肉品則是使用「鄉村烤火腿（註：商品名稱）」。偶爾咬到的香脆胡桃能增添一種很特別的良好口感。

義大利脆餅
外酥內軟的口感很適合當作茶點

　　這是在日本也很有名的義大利點心。在日本，市面上常見的義大利脆餅是也被稱作「坎圖奇（Cantucci）」的硬餅乾，用來浸泡在咖啡或甜紅酒等飲料中食用，但「TRASPARENTE」的義大利脆餅卻是所謂的小甜餅（Biscuit）。說起來，Cantucci 和 Biscuit 的名稱由來都是「烤兩次」。外酥內軟的口感正是其特色。「TRASPARENTE」的製作方法為，先揉出圓形的棒狀麵團，再分切成小塊，烤成餅乾。

　　「TRASPARENTE」的麵包會以中目黑店作為基準。不過，若是糕點的話，情況就不一樣了，會選擇「Atelier TRASPARENTE」或學藝大學店來作為基準。由於「Atelier TRASPARENTE」是糕點專賣店，所以要說是理所當然的話，的確如此，學藝大學店內則有擅長做糕點的員工，而且也有忠實顧客群，所以糕點會交給該店負責。

　　除了左圖中的橘子、巧克力等經典口味以外，還會依照季節來推出櫻花、南瓜等口味。

開心果口味的
義大利脆餅

加了開心果。做法為，把切碎的開心果混入麵團中，再烤成餅乾。具備堅果的獨特香味與風味，而且綠色外表很引人注目。由於 1 包義大利脆餅中有 5 塊餅乾，所以想稍微吃點甜食時，會很方便。

磅蛋糕
想像著美麗的剖面來挑選要搭配的食材

磅蛋糕也是「TRASPARENTE」的經典款商品。在我的印象中，日本人會將麵包和糕點當成不同食品來看待，但兩者都是用烤箱製作出來的。由於會光顧麵包店的客人的目的各有不同，有的人是來買平常吃的土司麵包，有的人則是來買午餐，有的人只是肚子有點餓，所以店內也會備齊各種烘烤類糕點。以磅蛋糕來說，會用小型模具來烤，而且基本上會切成片狀來販售。吃完三明治後，會想稍微吃點甜的。雖然買了各種麵包，但也想試試甜食。這類情況都很適合購買磅蛋糕。當然，也能依照顧客的要求來販售整個磅蛋糕。

磅蛋糕的配料的變化非常豐富。左頁的磅蛋糕中混入了藍莓與白巧克力，藍莓的酸甜與白巧克力的甜味當然不用說，切開時，分布在各處的紅色莓果也很漂亮。由於基本上會販售切片蛋糕，所以在挑選配料時，也經常會注意到剖面。

焦糖堅果磅蛋糕

要選擇經典組合還是意想不到的組合，思考配料的搭配是件有趣的事。在此商品中，以「香氣」作為基準，挑選了焦糖與堅果。藉由使用胡桃、杏仁、開心果等多種堅果，即使份量較少，也能獲得滿足感。

柑橘楓糖磅蛋糕

只要使用 2 項而非單單 1 項配料，味道就不會變得單調，也容易讓外觀增添變化。透過柑橘的清爽酸味與楓糖的濃郁滋味，來呈現出更加有深度的味道。稍帶橘色的蛋糕體顏色也很可愛。

Chapter 2

讓一種麵團
變化成多種麵包

在「TRASPARENTE」店內，會擺放多達 100 種麵包。

這項結果是基於「顧客的要求與挑選樂趣」的考量。

雖然品項增加了，但各種麵包並非全都是使用不同麵團所製成。

主要使用的麵團有 10 種，麵包師會變更其份量與形狀，

添加配料與裝飾後，做出不同種類的麵包。

本章節會介紹麵包的變化方式與實際在店內上架的商品。

在糕點部分也是一樣，會一邊調整麵團，一邊做成烘烤類糕點與生菓

子。（註：含水量在 40% 以上的糕點類）

關於材料

想要傳達日本產小麥的優點

麵包的主原料是名為小麥的農產品。麵包店這項職業需要仰賴小麥生產者們、製造商、經銷商等許多人的協助才能夠維持下去。我們這些麵包師每天專注於做麵包，帶著笑容招呼顧客。實際上，應該沒有什麼顧客會將此處和農民、小麥田聯想在一起吧，員工們也許也不會想那麼多。

不過，雖然這是理所當然的，但生產者們要面對大自然，在靠天吃飯的情況下培育原本就很難栽種的品種。該品種逐年受到改良，品質有了大幅提昇。現在的我們就是在那種優渥的條件下做麵包的。

另外，由於今後人們對於健康與自然環境的關注度會快速成長，所以我覺得，將身為生產者的農民們的心意放進麵包中，傳達給顧客，應該也是麵包店的責任吧。

目前所使用的麵粉約有 10 種。使用頻率最高的是江別製粉的「TYPE ER 麵粉」。透過北海道產的準強力粉（中高筋麵粉），能做出適度的 Q 彈口感，這一點讓我很喜愛。

另一方面，若想做出口感酥脆的可頌等麵包的話，就會使用國外的麵粉。日清製粉的準強力粉「auberge」也是其中之一。分辨各種小麥的特性，並運用在想做的麵包上，也可以說是麵包師的工作吧。

依照麵包種類，有時會 100% 使用同一種

麵粉，有時則會混合使用多種麵粉，這種用來
「調整比例」的麵粉也很重要，可以取得整體
的平衡。

　　也會準備好多種高筋麵粉。主要的 2 種是
橫山製粉的「蝦夷鹿」、富澤商品原創的「mon
amie」。龐多米麵團是 100% 使用「蝦夷鹿」
麵粉所製成。雖然以前也會使用與「蝦夷鹿」
一樣產自北海道的麵粉，不過由於供應量變得
不穩定，所以現在改成只用「蝦夷鹿」。把從
開店時就在使用的北海道產麵粉從原料清單中
去除的例子並非只有這一個，其他還有許多例
子。

　　由於我們會時常和業者打交道，隨著合
作的時間變長之後，對方就會漸漸了解
「TRASPARENTE」想做的麵包，所以業者會
提出「你覺得這種麵粉如何」這類建議，讓我
覺得很有幫助。

　　此外，在製作鄉村麵包等商品時，會使用

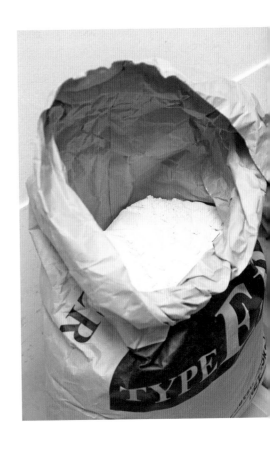

黑麥麵粉，日本製粉的「特級長頸鹿麵粉」就
是「TRASPARENTE」固定使用的產品。石磨
高筋麵粉使用的是日本製粉的「grist mill」，
製作糕點則會使用日本製粉的「enchanté」。
在麵包店內，也有「想要做正統麵包」的人，
如此一來，就變得要從法國進口麵粉，不過我
的目標是做出「顧客吃了後，真心地覺得好
吃」的麵包。雖然不是葡萄酒，但氣候與土壤
的特性還是會反映在麵粉上。日本麵粉具有一
種並非清爽鮮明，而是輕柔的甜味，我認為日
本人很容易就能接受這種味道。

把常用的麵粉裝進帶有輪子的半透明縱長型整理箱
中，讓人能夠方便移動麵粉。

有助於麵團發酵的材料

在製作麵包時，我認為發酵是最重要的。在發酵這個步驟中，不可或缺的就是酵母菌。酵母菌是一種具備酒精發酵作用的菌，能賦予麵團風味與香氣，使其膨脹。酒精發酵作用會藉由「將麵粉與砂糖中所含有的糖分解」而發生。在分切麵包時，香氣之所以會刺激鼻腔，以及烤好的麵包之所以會呈現飽滿的形狀，都是此酵母菌的作用所造成的。

在「TRASPARENTE」店內，以「透過極少量的酵母菌就能發揮麵粉特性」的隔夜發酵法為首，還會採用直接攪拌法、波蘭液種法。在製作魯邦種麵團等時，也會使用透過葡萄乾發酵種法製成的液種。依照想做的麵包的用途來分別使用各種發酵材料。

現在，「TRASPARENTE」店內會使用速發乾酵母、新鮮酵母、天然酵母這 3 種酵母。速發乾酵母用於簡單的低油脂麵包（lean 類麵包），新鮮酵母用於加了雞蛋和奶油的多油脂麵包（rich 類麵包）。

葡萄乾種酵母會一整年持續發酵。由於是生

在低油脂麵團中使用速發乾酵母。

使用新鮮酵母的是加了雞蛋和奶油的多油脂麵團。

天然酵母會透過葡萄乾來發酵。葡萄乾的香氣會稍微轉移到葡萄乾種麵團中。

物，所以的確需要好好照顧，留意環境與溫度。之後，加入麵粉等材料做成麵團後，還是必須一邊進行後續步驟，一邊細心地確認。

書上所記載的固定作法終究只是大致上的標準。要自己親眼確實地檢查麵團的情況，依照其狀態，像是發酵時間等，以臨機應變的方式來調整之後的步驟，若不這樣做，最後就會做不出好麵包。雖然很辛苦，但這正是發酵種法的深奧且有趣之處。

以整體數量來說，魯邦種麵團做成的麵包並不怎麼多。不過，與剛開店相比，數量確實有增加。我實際地感受到，魯邦種麵團能做成可以突顯食材潛力的麵包，且滋味很深奧。有些忠實顧客只愛吃魯邦種麵包，這點也讓我十分認同。

像這樣地，分別使用 3 種發酵材料來激發出麵團的優點，在麵包中充分地發揮其作用。

雞蛋與奶油是幕後的知名配角

麵包的基本材料為麵粉、酵母菌、水、砂糖、食鹽。水會使用乾淨的水，在砂糖部分，基本上會使用細砂糖。依照麵包種類，會再加入奶油、雞蛋、牛奶。作為酵母菌的養分，糖是必要的，所以在不含砂糖的麵團中，會使用麥芽溶液。對於佛卡夏麵包等義大利麵包來說，橄欖油是不可或缺的。

麵粉與酵母菌當然會影響麵包的成品，不過由於在決定麵包味道時，雞蛋和牛奶會產生很大影響，所以重視濃郁風味與美味的人會選擇這類食材。雞蛋使用的是茨城縣的奧久慈蛋。蛋不僅會用於麵包上，而且是使用頻率很高的食材。只要將蛋用於製作鮮奶油，就能做出很有深度的味道與柔軟 Q 彈的口感。

此外，在「TRASPARENTE」店內，蔬菜與水果等配料也是不可或缺的。這類食材會從 126 頁開始介紹，所以請參閱該部分的內容。

使用奧久慈產的蛋。麵團也是一樣，只要將蛋做成鮮奶油，濃郁風味就會很突出。

將麥芽溶液裝進平常用來裝番茄醬等調味料的桌上型調味罐，讓人方便使用。

基本的麵包做法

基本的麵包做法如同下方的圖表。當然，並非所有麵包都適用此圖表。從 62 頁開始，會按照此圖表來介紹「TRASPARENTE」店內所使用的麵團。從 64 頁開始，會介紹如何將各種麵團做成商品。從 66 頁開始，會介紹具體的麵團食譜，以及運用該食譜製作而成的麵包。

基本的麵包做法的流程
攪拌
∨
（第一次）發酵
∨
分割麵團
∨
靜置時間
∨
整型
∨
（第二次）發酵
∨
劃上切痕
∨
烘烤
∨
最後潤飾

攪拌

如同字面上的意思，就是將材料混合。攪拌機上會使用 1 速、2 速之類的速度刻度來調整速度，數字愈大，速度愈快。大致上會分成 2 個階段來使用，一開始，為了攪拌材料，所以會用較慢的 1 速來攪拌。此時的目的在於，將材料混合，使其形成均勻的麵團。接著，使用 2 速。從暫且攪拌過的麵團中打出筋性，賦予麵團彈性與力量。

「TRASPARENTE」中目黑店內裝設了 2 台攪拌機。1 台是直立式攪拌機，麵團總量的限制為 3kg，速度最高為 4 速。另 1 台則是螺旋式攪拌機。雖然速度最高為 2 速，但最多可以一次放入 10kg 的麵團。

前者會用於必須透過高速旋轉來製作的麵團，像是牛奶麵團這類含有較多蛋與牛奶的麵團。後者則用於以低速來攪拌的龐多米麵團與法式長棍麵團等。由於鉤子為螺旋形，而且調理盆本身會轉動，所以不會對麵團造成負擔，而且可以一次製作大量麵團。

（第一次）發酵

大多會將麵團放入沒有蓋子的麵團發酵箱中，讓麵團在常溫下發酵。有時也會將其放入用來促進麵團發酵，且名為「發酵箱」的機器中。在（第一次）發酵的過程中，重點在於，不要讓麵團的溫度下降。而且，只要讓溫度變得比揉好時的溫度高出 1 ～ 2 度即可。發酵時間會隨麵團種類而異，有的為 30 分鐘，有的為 1 小時。依照麵包種類，有些麵團之後還要再進行低溫發酵。維也納麵團等麵團則不進行發酵，直接進入分割步驟。

分割麵團

當麵團出現黏糊糊的情況時，為了方便操作，會把麵粉撒在工作台上，讓手沾上手粉。接著，為了避免麵團出現損傷，或是筋性組織被切斷，所以要小心地處理。

分割麵團時，要使用刮刀來迅速地進行切割。不要按壓或拉扯麵團，而是要俐落地切開麵團。此步驟的重點在於，不做多餘的動作，以避免對麵團施加壓力。

麵團分割好後，要讓麵團的邊緣與切面靠在一起，將該處當成底面，揉成圓形。重點在於，要揉成既光滑又緊縮的狀態。這樣做是為了讓靜置時間之後的整型步驟能夠順利地進行。

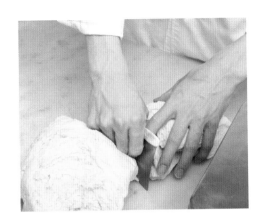

靜置時間（醒麵）

讓麵團暫時休息。讓麵團充分地休息到不會鬆弛的程度。

整型

　　靜置時間結束後，要將麵團做成商品的形
狀。由於該形狀烤好後，就是最後的成品形
狀，所以要將麵團緊緊地揉捏，使其產生彈
性，或是反過來輕輕地將麵團包起來，各自地
將麵團做成具有明顯差異的形狀。

（第二次）發酵

　　在放入烤箱烘烤之前，還要再發酵一次。
在這次的發酵過程中，重點在於，要保持麵團
的溫度，不要使其變得乾燥。也就是說，由於
必須讓溫度、濕度變得比平時高，所以要使用
發酵箱。雖然大致上的基準約為溫度 28℃、
濕度 70%，但還是要依照各麵包的種類來進
行調整。

劃上切痕

　　切痕指的是麵團上的切口。使用專用的刀
子或剪刀等器具，在法式長棍麵團與鄉村麵團
上劃上切痕。藉由劃上切痕，內部氣體的壓力
就會從切口中洩出，使麵團均勻且漂亮地膨
脹。另外，切痕也有助於呈現出漂亮的外觀。
因此，劃上切痕時要特別留意，才能劃出均勻
且等間隔的切痕。此時的訣竅在於，要一口氣
完成工作。只要如同打拍子那樣地切，就會很
順利。

烘烤

把麵團擺在烤盤上。由於熱傳導非常重要，所以要事先在麵團之間保留相同的間隔。如此一來，當麵包烤好時，就能避免側面等處烤得不均勻。

依照麵包種類，有時也會進行「dore」這項步驟。dore 指的是，在麵團表面塗上蛋液或牛奶等物。藉此就能烤出恰到好處的焦黃色。

在烤箱部分，「TRASPARENTE」總店使用的是石窯和蒸氣對流烤箱。石窯用來烤硬麵包類與土司麵包、熟食類麵包等。蒸氣對流烤箱則用來烤司康鬆餅以及需放入模具中的法式鹹派（Quiche）等商品。

石窯的一大特色在於，透過輻射熱來迅速地傳導熱能。藉此就能使表皮變得酥脆，而且還能烤出內部仍保有水分的麵包。另外，石窯還具備「保溫性高，窯一旦升至高溫後，就不易冷卻」的特性。因此，只要事先將內部分成「用來烤甜麵包等小型麵包的層」與「用來烤法式長棍麵包與鄉村麵包等大型麵包的層」即可。

依照烤箱種類，會有不同特點。由於前方、深處、中央、左右兩側邊緣的加熱方式都不同，所以要了解該烤箱的特性，中途將烤盤的前後位置調換，讓麵包均勻受熱。

最後潤飾

在麵包的製作過程當中，這也許是最有「TRASPARENTE」風格的工作。大概是因為我也做過糕點師吧，所以無論如何，最後都想再多下一點工夫（當然不是全部麵包。對於土司麵包、法式長棍麵包、鄉村麵包，就不會多做修飾）。我認為，我想做的是在外觀上也有研究樂趣的麵包，像是塗上糖霜、撒上糖粉、撒上切碎的堅果。

「TRASPARENTE」所使用的麵團

包含三明治在內，「TRASPARENTE」中目黑店所販售的麵包約有100種。考慮到約30坪大的店面空間後，連我自己都覺得數量很多。不過，還是希望難得上門的顧客能夠感受到挑選商品的樂趣。比起販售一個昂貴的麵包，我們更希望盡可能地讓顧客用實惠的價格來購買多個麵包。陳列架上充滿著那種理念。

雖說要處理100種麵包，但並非要製作100種麵團。有了基礎麵團後，就能運用該麵團來製作出多種麵包。麵包的做法有許多種，在「TRASPARENTE」，我們所採用的是直接攪拌法、隔夜發酵法、波蘭液種法、發酵種法

這4種方法。以「做出一個個令人感到滿意的麵包」作為大前提，然後再去思考「要怎麼做才能在店內擺放多種麵包呢」，選擇適用的方法。

攪拌器、烤箱、發酵箱、冰箱的擺放空間當然不用說，連人力都很有限。在那種情況下，要如何有效率地烤出又多又好吃的麵包呢？在製作麵包時，要在品質與數量之間取得平衡。

【直接攪拌法】

最大優點在於，從攪拌到烤好麵包，只需短時間就能完成。此方法適合用於，想要盡可能地在架上擺放種類與數量都很多的麵包，讓陳列架變得更加充實，例如像是午餐時段的商品。

【隔夜發酵法】

最大特色在於，能做出含有許多水分的麵團，以及保濕性高且口感軟嫩的麵團。由於放入冰箱內使麵團熟成後，隨時都能將麵團恢復常溫，拿來使用，所以能夠依照銷售情況來增加出爐次數，也能增加「在店內擺放剛烤好的麵包」的次數。

不過，既然要讓麵團在冰箱內長時間熟成的話，那就必須要有用來存放相應數量麵團的冰箱空間。若能克服這一點，對於麵包店來說，就會是很方便的麵團。

把採用隔夜發酵法製成的麵團放入麵團發酵箱中，並放進冰箱內備用。有需要時，立刻就能烤。

【波蘭液種法】

　　如同其名稱，此方法源自於波蘭。製作由等量的麵粉和水、少量的酵母混合而成的波蘭液種，會和攪拌麵團同時進行。土司麵包會採用此做法。經過 3 小時的發酵後，進行備料，開始攪拌麵團。可以做出 Q 彈的口感，就算放到隔天仍然很好吃。

【發酵種法】

　　使用天然酵母。在「TRASPARENTE」會使用葡萄乾種。

　　在「TRASPARENTE」，我們會依照這些做法來製作出土司麵團、法式長棍麵團、鄉村麵團、可頌麵團等若干種麵團，再運用主要麵團來製作出多種麵包。

為了讓麵團變化成各種麵包

擺放在「TRASPARENTE」店內陳列架上的是，如同始於 14 頁的『Chapter 1 會進化的麵包～「TRASPARENTE」的特色～』當中所介紹的招牌商品、擁有特定支持者且銷量穩定的商品，以及新商品。在營業額的明細當中，土司麵包與法式長棍麵包這類會想當成正餐來吃的麵包、披薩與熱狗麵包之類的熟食類麵包、以丹麥麵包為代表的甜麵包大致上呈現相同比例。因此，麵團與麵包都會製作許多種。

追求種類齊全的麵包是有原因的。「TRASPARENTE」的目標是成為與當地民眾有密切關聯的麵包店。有的人來買土司麵包，有的人來買午餐或能夠填滿肚子的麵包。由於各自的目的不相同，所以我們想要盡量滿足顧客需求。只要考慮到這一點，麵包種類就會增加。

那麼，我們是如何增加品項的呢？並非每次都要增加麵團本身的種類，在大部分的情況下，會運用原有的麵團來做出新的麵包。「想要做這種麵包」當這種想法很明確時，則會選用適合的麵團。在每天接觸麵團的過程中，也有人會產生「試著來製作這種麵包如何」這類想法。其比例大約是一半一半。

像這樣地構思新商品也很有趣。不僅是我，各店的店長和主廚也會一起構思商品。各店都有獨家商品，能夠形成良性競爭，產生加乘作用。舉例來說，當某間店的員工去拜訪其他店面時，經常會因為看到自家店內沒有的商品而受到刺激。

就算同樣都是披薩類麵包，中目黑店使用

的是用來製作土司麵包的龐多米麵團，在「Quinto」（鵠沼海岸店）的話，則會使用法式長棍麵團。這是因為，各店的店長與主廚會依照顧客的需求與情況來選擇麵團。即使同樣都是披薩，依照麵團種類，調味方式與口感也會改變，烘烤的溫度與時間也有所差異。如同始於 14 頁的『Chapter 1 會進化的麵包～「TRASPARENTE」的特色～』當中所介紹的那樣，同樣的麵包之所以會因為不同店面而產生差異，就是這個原因。由於我們的目標是打造出貼近當地民眾的店鋪，所以這一點也可以說是當然的。

當我本身在思考「要做什麼樣的麵包呢」這個問題時，很多書都給了我靈感。我會前往書店，把中意的書買回家看。在書籍的主要內容方面，比起麵包與糕點類書籍，我更常看料理書。由於店內有許多使用蔬菜等配菜製成的麵包，所以料理書中充滿了各種靈感。這也讓我很了解烹調方式與流行趨勢。然後，我便持續地構思「試著來製作這種麵包如何」這個主意。此時的夥伴是素描簿。動手將「麵包的形狀與色調等外觀、使用的麵團、配料」等一口氣畫成插圖。然後，在廚房內試作，逐漸將其化為實體。

目前，具體來說，「TRASPARENTE」所使用的麵團為龐多米麵團、法式長棍麵團、鄉村麵團、牛奶麵團、佛卡夏麵團。主要麵團為可頌麵團、牛奶麵團、布里歐麵團、維也納麵團。也有「把法式長棍麵團做成紅酒風味，作法則採用與龐多米麵團相同的波蘭液種法」的紅酒長棍麵團。

此外，也準備了田園風麵團、貝果麵團、英式瑪芬麵團等。在糕點部分，也會運用作為塔類糕點基礎的甜塔皮、傑諾瓦士蛋糕的蛋糕體、馬卡龍、司康鬆餅、瑪芬蛋糕等糕點的麵團來製作商品。話雖如此，由於要依照廚房內的員工人數來達到產量的平衡，所以不會每天製作所有品項。依照季節來變更商品種類，決定星期幾要做何種麵包，讓商品陣容增添變化，藉此來讓顧客有所期待。

從下一頁開始，會介紹「要如何將各種麵團做成什麼樣的商品呢」。

先把想要試作的麵包的構想畫在素描簿上後，再將其化為實體。

Pain de mie

龐多米麵團

日常麵包的基礎。不僅會用於土司麵包，應用範圍也很廣

龐多米麵團對於某些人來說，也許並不耳熟，但其主要用途就是土司麵包的麵團。在「TRASPARENTE」，土司麵包是一天會賣出 130 斤的主力商品。大部分的顧客都會預約，請店家保留。也就是說，由於顧客可以選擇一個特定的時間來取貨，所以必須在那之前烤好才行。由於是平常要吃的麵包，所以必須用穩定的品質來供應。做好的土司麵包沒有使用其他配料，只透過麵包來一決勝負。也就是說，這種麵包無法偷工減料。

在「TRASPARENTE」，龐多米麵團採用波蘭液種法來製作。在此方法中，首先要製作波蘭液種，然後和「攪拌麵團」這個步驟同時進行。只要使用波蘭液種法來製作麵團，做出來的麵包就會擁有 Q 彈口感，即使放到隔天早上再吃，也依然很美味。

龐多米麵團使用 100% 的日本國產麵粉製成。以前，由於蛋白質含量很少，所以不易呈現出彈性與蓬鬆感，麵團容易失去彈性，被人們視為很難解決的問題。不過，由於技術的進步，我覺得這類不易處理的問題大多已被解決。而且，我想要盡量透過有標明產地的材料來做出令人滿意的麵包。

龐多米麵團的用途不僅限於土司麵包。這種單純、傳統、耐吃的味道可以做成紡錘型麵包和熱狗麵包，雖然會令人感到意外，但也能做成披薩風麵包。由於讓麵團經過長時間慢慢發酵，所以即使放了一段時間，麵包也不會失去彈性，吃起來很美味。

方形麵包──龐多米麵團的基本款麵包

材料（1.5斤的土司模，1條份）

波蘭液種

蝦夷鹿麵粉	200g／50%
速發乾酵母	0.4g／0.1%
水	200g／50%

攪拌麵團

蝦夷鹿麵粉	200g／50%
鹽	8g／2%
細砂糖	20g／5%
速發乾酵母	3.6g／0.9%
脫脂奶粉	8g／2%
奶油	20g／5%
水	80g／20%

作法

1 製作波蘭液種。把溫度 18℃ 的水和速發乾酵母放入調理盆中，攪拌均勻。

2 把蝦夷鹿麵粉加進 **1** 中，用手充分攪拌到粉味消失。

3 蓋上保鮮膜，在常溫下使其發酵 3 小時以上。

4 把 **3** 和奶油以外的麵團材料放入攪拌機中，先用 1 速攪拌 2 分 50 秒，然後再用 2 速攪拌 2 分 50 秒。

5 把奶油放入 **4** 中，先用 1 速攪拌 2 分鐘，再用 2 速攪拌 3 分鐘。

6 把麵團移動到麵團發酵箱中，使其發酵 1 小時。

7 把 **6** 的麵團分割成 210g，揉成圓球狀後，靜置 20 分鐘。

8 一邊去除麵團的氣體，一邊揉圓後，把 3 個球狀麵團放入 1.5 斤的土司模中。

9 使用發酵箱來進行 50 分鐘的最終發酵。

10 蓋上土司模的蓋子，放入上火 210℃、下火 240℃ 的烤箱中烤 20 分鐘。

11 使其轉動 180℃，再烤 10 分鐘。

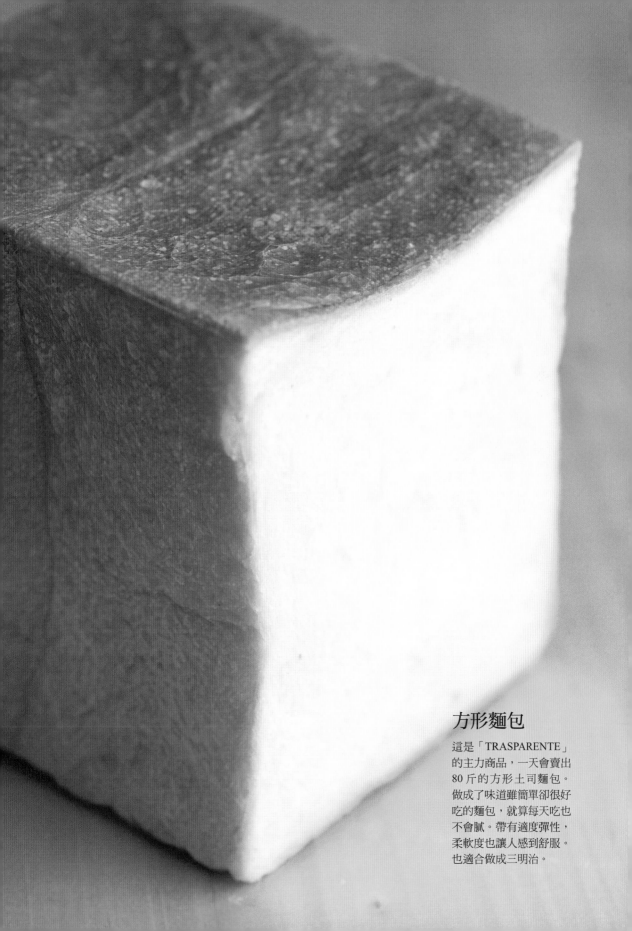

方形麵包

這是「TRASPARENTE」
的主力商品，一天會賣出
80 斤的方形土司麵包。
做成了味道雖簡單卻很好
吃的麵包，就算每天吃也
不會膩。帶有適度彈性，
柔軟度也讓人感到舒服。
也適合做成三明治。

春天

材料與製作步驟與方形麵包相同。這款麵包在烤的時候不蓋上蓋子，所以會形成山形土司麵包。藉由不使用蓋子，就能讓表面確實上色，烤出很香的表皮。

葡萄乾土司麵包

這是使用較小顆且甜味較強的蘇丹娜葡萄製成的葡萄乾土司麵包。和春天（Primavera）一樣，烤的時候不蓋上蓋子。剛開店時沒有製作這款商品，後來因應顧客要求才開始製作。對日本人來說，是很熟悉的麵包。這種經典款商品果然很受歡迎。

艾貝爾特

在剛開店時所製作的麵包當中，許多商品取了很有詩意的名稱。「艾貝爾特」的意思是「為了你」，也是義大利流行歌的歌名。由於品質很好，所以取了這個名稱。這是將烤過的胡桃揉進麵團中製成的土司麵包。稍微帶點紫色的麵團色調也很有趣。

蔓越莓土司麵包

如同其名，這是混入了蔓越莓的土司麵包。無論怎麼說，使用蔓越莓的優點就是顏色。鮮紅色調總之就是很顯眼。而且還加入了烤過的胡桃。帶有蔓越莓的獨特酸味與胡桃的香氣，很適合做成夾了厚切火腿和起司的三明治。

天然麵包

使用龐多米麵團做成的小麵包。這種單純的麵包也很容易搭配料理。把頂部切開後，只要稍微放入配料，就能做出小三明治。比法式長棍麵包來得軟，不愛吃硬麵包的人也能享用，用途廣泛。把甘甜綠豌豆或南瓜切丁混入麵團中，增加口味變化，也很有趣。

瑪格麗特披薩

「做麵包時要靈活思考。」這款商品表達出了我的想法。用來做土司麵包的龐多米麵團很適合搭配上醬汁與配料。把麵團擀成圓形，放上番茄醬和莫札瑞拉起司，做成一個人吃得完的瑪格麗特披薩。

古岡左拉起司蜂蜜披薩

古岡左拉起司的獨特風味與蜂蜜非常搭。在被擀成圓形的龐多米麵團上放上古岡左拉起司和蜂蜜，做成披薩麵包。鹹甜滋味會令人上癮，以正餐來說，當然不用說，而且也可以當成有點特別的點心。

南瓜蠶豆口味的俾斯麥披薩搭配生火腿

在大小與瑪格麗特披薩相同的直徑約 20cm 的圓型麵團上，放上綜合起司、煮過的蠶豆、烤過的南瓜，在中央放上蛋，然後開始烤。烤好後，擺上生火腿和芝麻菜，淋上一圈橄欖油後，就能完成這個美味的披薩。

玉米
辣味熱狗麵包

份量十足的熟食類麵包。配料為切達起司、香腸、玉米。透過使用番茄起司羅勒醬（pesto rosso）做成的醬汁來使整體的味道一致。由於會先把龐多米麵團做成紡錘型麵包，並撒上玉米粉後，再開始烤，所以顆粒口感會成為品嚐此麵包時的絕妙特色。

德國酸菜與
香腸口味的
熱狗麵包

德國酸菜是讓高麗菜經過乳酸發酵作用而製成的德式泡菜，其紮實的酸味和香腸非常搭。使用番茄醬與芥末醬這兩種經典調味料來提味。重點在於，要確實將德國酸菜瀝乾。這也是「TRASPARENTE」的經典商品之一。

71

Baguette

法式長棍麵團

所謂的法國麵包的麵團。有些店鋪也會販售限定商品。

　　法式長棍麵團會使用隔夜發酵法來製作。如同字面上的意思，此方法要讓麵團發酵一晚以上。由於只要使用此方法，就能盡量減少酵母菌的使用量，所以能夠充分地呈現出麵粉的風味與味道。仔細地花費時間，就能充分地發揮麵粉原本的力量。

　　「TRASPARENTE」的麵包會以擔任總店角色的中目黑店作為基準。雖然一般法式長棍麵包的重量約為 350g，但「TRASPARENTE」的商品重量則是 280g。這樣做是因為，在中目黑附近，有很多家中成員僅有 2 人的小家庭。考慮到 2 人一次能夠吃完的量，所以設計成這種份量。由於其他店鋪幾乎都位於家庭成員數量較少的區域，所以會依照此重量來製作商品。

　　「TRASPARENTE」的法式長棍麵包的特色在於，烤出來的顏色較深。雖然在其他麵包中，也可以這麼說，但我認為法式長棍麵包類是最明顯的。藉由將顏色烤得較深，就能為表皮部分增添香氣，使麵包的樣貌變得更加豐富。

　　說到法式長棍麵團的應用方式的話，被視為常見的做法為，變更重量與形狀，或是做成法式圓麵包（Boule）、圓滾滾的小巧蘑菇麵包，不過也有比較特別的做法，像是很爽快地做成細長狀的古蘭諾小麥麵包，裡面塞滿了鼠尾草奶油、烤過的蜂蜜麵包、毛豆、培根等配料。法式長棍麵團獨特的酥脆口感在和副食材搭配時，會展現出與使用其他簡單的麵團時截然不同的耀眼光芒。我認為，這不就是其他麵包店沒有的麵包變化方式嗎？大概是因為這樣，所以兩者都是自「TRASPARENTE」開店以來就很受歡迎的招牌商品。

法式長棍麵包——法式長棍麵團的基本款麵包

材料（2 根份）

TYPE ER 麵粉	280g	80%
Grist Mill 麵粉	70g	20%
鹽	7.7g	2.2%
麥芽溶液	0.7g	0.2%
速發乾酵母	0.7g	0.2%
水	245g	70%

作法

1 把溫度為 18℃的水和所有材料放入攪拌機中，先用 1 速攪拌 6 分鐘，再用 2 速攪拌 1 分鐘。

2 在常溫下讓麵團發酵 30 分鐘後，擠出麵團的氣體，然後放入冰箱內，使其發酵 18～24 小時。

3 發酵完畢後，在常溫下靜置約 30 分鐘。

4 把 3 的麵團分割成 280g 後，揉成細長棒狀，靜置約 20 分鐘。

5 撒上手粉（適量，不計入材料表中），把 4 的麵團弄成細長狀。※ 把麵團均勻地壓扁後，從自己這邊將麵團對摺兩次，使其疊起來。

6 放入發酵箱中，進行 40 分鐘的最終發酵。

7 把 6 的麵團擺放在麵團移動板（註：Slip belt，用來將麵團放入烤箱中的板子）上，劃上切痕。

8 放入帶有蒸氣的 260℃烤箱中烤 17 分鐘。

法式長棍麵包

法式長棍麵包和使用龐多米麵團製成的土司麵包類都是需求量很高的商品。剛開店時，非常受到外國顧客的歡迎，在經過 10 年後的現在，此商品已成為日本顧客也很熟悉的常見麵包。我感覺到法式長棍麵包已在日本人的餐桌上完全扎根了。由於切痕能夠均勻地釋放麵團中的壓力，所以要均等地在 6 處劃上切痕。

巴塔麵包

麵團份量與法式長棍麵包相同，皆為 280g。此商品烤好後的形狀較為粗短。將麵團揉成鬆軟且有彈性的狀態，並做成粗短造型後再烤，藉此就能使麵包內側部分變得更加有風味。就算使用相同重量的法式長棍麵團，只要造型不同，味道也會產生差異。此商品就是個好例子。

短笛小麵包

想要稍微拿點東西來吃時，會令人很高興的小型麵包。「TRASPARENTE」的法式長棍麵包的重量為 280g。此商品的重量為 70g，僅為其 1/4。把前端做成尖尖的造型，尺寸雖小，但呈現出來的並非可愛，而是端正緊實的樣貌。

蜂蜜麵包

此商品的靈感來自於義大利料理。在義大利，人們常會將切碎的鼠尾草加到奶油中。此麵包表現出了這一點。把鼠尾草奶油擠進縱向切痕後，再烤。烤好之後，淋上蜂蜜和糖粉就完成了。鹹甜滋味與酥脆口感很特別。

古蘭諾小麥麵包

麵包的名稱「古蘭諾」是「小麥」的意思，如同其名，形狀也是小麥。把毛豆、培根、乳酪絲夾進麵團中，並把麵團調整成長方形後，大膽地劃上切痕。烤好後就會形成「麥穗」般的造型。重點在於，撒上較多的鹽和胡椒。藉此就能做出和啤酒也很搭的鮮明滋味。

尖麵包

「Spinner」的意思是「尖尖的」。將麵團做成弓形，並劃上切痕，藉此就能做出凹凸不平的獨特彎曲造型。配料為法蘭克福香腸和義式肉腸（mortadella）這2種香腸。乳酪絲能讓2種不同的香腸和法式長棍麵團互相融合。使用大量黑胡椒來呈現出富有衝擊性的味道。

比安卡麵包

雖然乍看之下很單純，但由於裡面包了大量的乳酪絲和帕馬森起司這2種起司，所以法式長棍麵團的份量達到100g，出乎意料地多，讓人非常有飽足感。在半圓筒狀麵團的中心部分劃上切痕，從該處溢出的起司會呈現出看起來的確非常美味的樣貌。

香腸麵包

包入了一整條 Schau essen 香腸。雖然從烤好的麵包表面看不出來，但在這條 Schau essen 香腸與法式長棍麵皮之間，大量的高麗菜絲已等得不耐煩了。藉由使用法式長棍麵團來包住配料，在烤箱中烘烤的過程中，高麗菜會形成一道蒸烤料理，確實地發揮出蔬菜原本的甘甜。

新馬鈴薯香腸麵包

使用法式長棍麵團製成的披薩風格麵包。放上鬆軟的新馬鈴薯、香腸、起司，為了不讓起司溢出來，所以在烤之前，會將邊緣摺彎。以羅勒為基底的醬汁與最後撒上的平葉巴西里的綠意會成為顏色上的特色。

瓦倫西亞橙榛果麵包

把瓦倫西亞橙的果皮和榛果揉進法式長棍麵團中，做成一款會讓人聯想到貝果的環形麵包。每次品嚐時，酸甜的瓦倫西亞橙與芳香的榛果都會連續不斷地進入口中，讓人怎麼吃也吃不膩。

拖鞋麵包

這是在日本也相當為人熟知的代表性義式麵包之一。「TRASPARENTE」風格的拖鞋麵包不是使用拖鞋麵包專用的麵團來製作，而是將使用相同材料的法式長棍麵團做成拖鞋麵包的模樣。塗上橄欖油，撒上食鹽後，再烤。雖然簡單，但每次品嚐時，深奧的滋味都會在口中擴散。作為正餐麵包，也相當活躍。

都立大學店限定！
法式長棍麵包做成的 開放式三明治 「塔丁」

「TRASPARENTE」的各店並非全都會採用相同的麵包陣容。即使同樣都是麵包，樣貌也各不相同，各店有時也會推出獨家商品。也可以說是法式長棍麵包版開放式三明治的「塔丁（Tartine）」，就是都立大學店的獨家商品。配料會隨著季節而變化。在照片當中，前面是蘆筍和蝦子，後面則是櫻桃番茄和酪梨。牽絲起司會讓這些配料和酥脆的法式長棍麵皮融合在一起。

讓法式長棍麵團更加進化
紅酒長棍麵團

麵粉與紅酒的香氣互相融合，頂級的複雜滋味正是其魅力

若能向喜愛硬麵包類的顧客提案的話，我就會研發出這種新款商品。使用紅酒來代替水。慢慢地咀嚼後，紅酒與麵粉的香氣會高雅地互相融合，呈現出一種馥郁香氣，讓人覺得此麵包真是相當有趣。

麵粉和法式長棍麵包一樣，都採用 TYPE ER 麵粉，但做法則是選擇用於土司麵包的波蘭液種法。首先，要製作波蘭液種，此步驟要和攪拌麵團同時進行。波蘭液種法的優點在於，可以呈現出有份量的感覺。也能呈現出 Q 彈感，做出味道很深奧的麵包。

使用紅酒長棍麵團製成的麵包在烤好時，除了麵皮的香氣以外，紅酒的香氣也會和麵皮香氣互相結合，並擴散開來。這是一個能讓麵包製作者感到很快樂的瞬間。由於含有酒精的麵團的發酵情況有時不穩定，所以要先將紅酒加熱，揮發掉某種程度的酒精後，再用於製作麵團。

這款使用紅酒長棍麵團製成的麵包，很適合搭配上在寒冷季節裡慢慢地花時間製作而成的燉煮料理。

紅酒長棍麵包—— 紅酒長棍麵團的基本款麵包

材料（2根份）

波蘭液種

TYPE ER 麵粉	140g／35%
速發乾酵母	0.4g／0.1%
水	140g／35%

攪拌麵團

TYPE ER 麵粉	260g／65%
速發乾酵母	5.2g／1.3%
細砂糖	16g／4%
鹽	8.8g／2.2%
紅酒	160g／40%

※要事先將紅酒放入鍋中加熱，讓酒精揮發。

作法

1 製作波蘭液種。把水（夏季為 16℃，冬季為 22℃）和速發乾酵母放入調理盆中攪拌均勻。

2 把 TYPE ER 麵粉加進 **1** 中，用手充分攪拌到粉味消失。

3 宛如抱住空氣那樣地，從正面來翻動麵團，攪拌到麵團產生光澤。

4 蓋上保鮮膜，在常溫下使其發酵 1 小時 30 分。

5 把 **4** 放入攪拌機中，然後再放入攪拌麵團所需的所有材料，先用 1 速攪拌 7 分鐘，再用 2 速攪拌 3 分鐘。

6 在室溫下使其發酵 1 小時。

7 把 **6** 的麵團分割成 280g，並揉成稻草袋形狀後，靜置 30 分鐘。

8 撒上手粉（適量，不計入材料表中），把 **7** 的麵團弄成細長形。

9 放入發酵箱，進行 40 分鐘的最終發酵。

10 劃上切痕後，放入上火 250℃、下火 240℃的烤箱中烤 15 分鐘。

紅酒長棍麵包

與一般的法式長棍麵包一樣，重量為280g。外皮酥脆，內部Q彈，這種口感的對比很有趣。由於使用了紅酒，所以要說當然的話，也是理所當然的，那就是麵包內部會形成紅紫色。這種色調也很漂亮。

紅酒迷你長棍麵包

使用80g的紅酒長棍麵團製作。做成稍圓的橢圓形，劃上一道切痕。除了大小以外，和法式長棍麵包完全一樣，不過，只要重量、形狀、切痕數量有所改變，麵包的樣貌就會一口氣改變。作為正餐用麵包來說，剛好是兩個人吃得完的份量。

紅酒莓果麵包

在紅酒長棍麵團中加入30%的莓果，如同鄉村麵包那樣，會利用發酵籃來製作。莓果使用的是藍莓和蔓越莓。不僅有甜味，也有酸味，這和紅酒的澀味很搭。

Pain de Campagne

鄉村麵團

沉甸甸的重量感與黑麥的獨特風味會令人上癮

直譯的話，就是「鄉村的麵包」。樸素、懷舊，且帶有獨特風味與味道的鄉村麵包也許不是大眾化商品。不過，持續受到麵包愛好者愛戴的就是這種鄉村麵包。屬於美味會慢慢擴散開來的硬麵包類。由於也有熱情的愛好者，所以對麵包店來說，此麵包也是不能掉以輕心的商品（並不是說其他麵包就能隨便做）。

在會形成麩質的麥膠蛋白（gliadin，亦稱穀膠蛋白）與麥穀蛋白（glutenin）這兩種物質當中，由於黑麥只擁有麥穀蛋白，所以彈性比一般小麥來得差。本店剛開幕時，在製作鄉村麵包時，會混合使用粗磨和細磨的黑麥，但最近改成只使用 30% 的細磨黑麥。雖然會呈現出重量感，但也將麵包改良成較易入口。藉由花時間慢慢烘烤來發揮出小麥的特色。而且，在運用麵團時，會搭配上許多堅果和果乾

來創造出各種樣貌。

基本款的鄉村麵包屬於大型麵包，重量達到 800g。鄉村麵包烤好後，其表面會產生同心圓狀的紋路。這是因為，發酵籃上的編織花紋會反映在麵團上。烤的時候，會撒上大量麵粉。這樣做是為了讓烘烤時間很長的鄉村麵包的表面不易烤焦。而且，重點在於，要以下火的方式，確實將內部烤熟。中途，要將下火關掉，透過上火來幫麵包上色。

沒錯，鄉村麵團的烘烤時機與火候很難掌握。因此，能夠展現出烤窯負責人員的功力。

整個鄉村麵包 —— 鄉村麵團的基本款麵包

材料（1個份）

TYPE ER 麵粉	140g／70%
特級長頸鹿麵粉	60g／30%
鹽	4.4g／2.2%
麥芽溶液	0.4g／0.2%
速發乾酵母	0.4g／0.2%
水	140g／70%

作法

1 把 18℃的水和所有材料放入攪拌機中，先用 1 速攪拌 6 分鐘，再用 2 速攪拌 3 分鐘。

2 在常溫下使其發酵 30 分鐘後，將氣體擠出。

3 放入冰箱中，使其發酵 18 ～ 24 小時。

4 靜置 30 分鐘。

5 在發酵籃中撒上麵粉（適量，不計入材料表中）。

6 擠出氣體後，為了讓麵團鬆弛，所以要把麵團揉圓，然後放入 5 的發酵籃中。
　※讓麵團的接縫處朝上。

7 放入發酵箱中，進行 40 分鐘的最終發酵。撒上麵粉（適量，不計入材料表中），一邊翻動麵團，一邊將其放到麵團移動板上。

8 在表面劃上切痕，放入上火 250℃、下火 240℃的烤箱中，用直火來烤。
　※放入烤箱前，要加 1 次蒸氣，放入後，要再加 2 次蒸氣。

整個鄉村麵包

烤出來的顏色略深，讓人似乎可以聽到
酥脆的聲音。用手拿起，會感到沉甸甸
的。這是很有飽足感的麵包，而且也很
耐餓。在這個家庭成員人數較少的區
域，我們知道對於某些人來說，整個麵
包的份量太多了，所以會因應「雖然想
吃，但只需少量即可」這種需求，販售
切成一半與 1/4 的商品。

長條鄉村麵包

把鄉村麵團分割成與「TRASPARENTE」的法式長棍麵包相同的 280g，做成法式長棍麵包的形狀。讓前端變得略尖，呈現出鄉村的純樸風格。由於加了黑麥，所以顏色比法式長棍麵包來得深。表皮顏色與表皮的麵粉之間的對比也很好看。

柯爾特鄉村麵包

由於黑麥很有特色，所以許多顧客都想要稍微吃一點，於是我們便做出了尺寸較短的商品。只要去想像顧客品嚐麵包的各種情況，就算使用相同麵團，也會變得不禁想要去製作各種商品。

短笛鄉村麵包

尺寸比柯爾特鄉村麵包更小，一個人就吃得完。就算重量相同，從整個麵包中切出來的商品，與事先就做成小尺寸的商品，在口感上是完全不同的。短笛鄉村麵包的表面積較大，相對地，表皮也更加酥脆，而且味道很有深度。

蔓越莓奶油起司鄉村麵包

鄉村麵團與蔓越莓的清爽酸味非常搭。透過混入了蔓越莓的麵團來包住大量奶油起司的麵包就是此商品。從開幕時，就是經典的人氣商品。

葡萄乾胡桃麵包

尺寸約為「TRASPARENTE」的整個鄉村麵包的一半。先在麵團中放入大量的葡萄乾與烤過的胡桃後，再烤製而成。切成薄片後，可以直接吃，或是放上起司，和葡萄酒一起品嚐。

雙重無花果鄉村麵包

將黑色與白色這 2 種無花果乾切成粗末，混入麵團中，再烤製而成的商品。黑色與白色無花果乾的甜味與濃度都不同。由於無花果是人氣食材，所以藉由奢侈地使用 2 種無花果來做出怎麼吃都吃不膩的味道。

Levain

魯邦種麵團

使用自製天然酵母來追求更加天然的味道

在法文中，魯邦種（levain）的意思是發酵種。在「TRASPARENTE」，我們會使用透過葡萄乾發酵而成的液種，並混合使用熊本製粉的「moule de pierre」這種石磨準強力粉，以及日清製粉的「auberge」來製作魯邦種麵團。這種麵團很受歡迎，其特色在於，自製酵母才有的複雜香氣，以及穀物原本的麵粉味道和風味。

實際上，若不是天然酵母麵包專賣店，會對發酵種的處理方式感到苦惱。會這樣說是因為，發酵種是仰賴溫度與濕度這些大自然的力量來製作的，所以問題在於，發酵能力並不穩定。在製作上也需要耗費時間。以葡萄乾種的情況來說，由於葡萄乾本身一整年都能穩定取得，而且果實的糖分事先就被濃縮了，所以很容易就能進行需透過糖分分解的發酵作用。而且，不用添種（添加相同材料，沿用舊酵母種），每隔 3 ～ 4 天就能製作出新的葡萄乾酵母。

魯邦種使用的就是利用大自然力量製成的酵母。魯邦種的魅力在於，壓倒性的天然感。對於不習慣的人來說，也許很難接受，但麵團帶有獨特酸味，對於喜愛的人來說，是一種難以抗拒的魅力。只不過，「TRASPARENTE」的客群並非只有天然酵母麵包愛好者，也包含了一般的顧客。由於我們想要讓更多人吃到，所以我們會追求美味與易食用性，以避免情況變成「雖然帶有酸味，但天然酵母麵包似乎很安全，所以姑且試試看」。使用葡萄乾種也是為了讓客人能更容易接受這種麵包。

「TRASPARENTE」的魯邦種麵團降低了會讓人透過天然酵母而聯想到的酸味，且能呈現出在平常的正餐中也能吃的輕盈感。另外，還有搭配上綠葡萄乾或藍莓，且方便食用的商品，以及在麵團上擠上發酵奶油後烤製而成，有如點心般的商品。

魯邦種麵包（原味）── 魯邦種麵團的基本款麵包

材料（2個份）

Auberge 麵粉	150g／50%
moule de Pierre 麵粉	120g／40%
特級長頸鹿麵粉	30g／10%
鹽	6.3g／2.1%
麥芽溶液	1.2g／0.4%
水	174g／58%
葡萄乾種液	30g／10%

葡萄乾種（容易製作的份量）

葡萄乾	200g
細砂糖	80g
水	800g

作法

1 製作葡萄乾種。把 31℃ 的水和細砂糖放入瓶中，使糖溶解。加入葡萄乾。

2 一天把瓶子打開一次，進行攪拌。重複 4 ～ 5 天，直到葡萄乾浮起為止。

3 當葡萄乾浮起後，進行過濾，將液體放入冰箱中保存。

4 把所有材料放入攪拌機中，先用 1 速攪拌 3 分鐘，然後用 2 速攪拌 6 分鐘，最後再用 3 速攪拌 1 分鐘。

5 在常溫下靜置 30 分鐘，進行「排氣翻麵」後，在陰涼處，使其發酵 18 ～ 24 小時。

6 分割成 200g。

7 靜置 30 分鐘後，開始整型。

8 放入發酵箱中，進行 1 小時的最終發酵。

9 在表面劃上切痕，用上火 250℃、下火 240℃ 的烤箱烤 15 分鐘。

原味魯邦種麵包

為了讓人品嚐到「較厚的表皮與
Q彈的口感」這些魯邦種麵團的
特色，所以做成粗短造型。為了
能夠確實品嚐到麵皮本身的味
道，所以也不會劃上太多切痕，
而是要讓人在品嚐時，可以感受
到特殊的柔軟口感。

小魯邦種麵包

把魯邦種麵團分割成 80g，揉成圓形，在表面劃上一道切痕。小巧的尺寸與胖嘟嘟的形狀很可愛。也很適合初次嘗試天然酵母麵包的人。

綠葡萄乾與藍莓口味的魯邦種麵包

在 60g 的魯邦種麵團中加入多達 20g 的果乾。果乾使用的是綠葡萄乾與藍莓。清爽的甜味和帶有天然感的魯邦種麵團很搭。

奶油細繩麵包

此麵包帶有「細長狀奶油」的含意，作法為，在捏成細長狀的麵團上擠上奶油後再烤製而成。雖然一般會使用法式長棍麵團來製作，但改用魯邦種麵團可以做出更有深度的味道。魯邦種麵團與發酵奶油的風味會留下強烈的餘韻。

何謂麵包店獨有的配方標示方式
「烘焙百分比」？

在一般的食譜中，會記載成品份量（○人份、直徑18cm的圓形模具3個）與材料的份量（重量與容量等），但若是麵包的話，專家所使用的食譜就會有點不一樣。

麵包店的材料標示方式叫做「烘焙百分比」。其意思為，將使用的麵粉份量當作100%，其他各種材料都要記錄成麵粉份量的幾%。此時的麵粉份量的意思是所有麵粉的總量。因此，使用多種麵粉時，要將加起來的量當成100%，然後計算出其他材料的比例。這種配方叫做「準備○ kg的麵團」。舉例來說，要使用1kg的麵粉來做麵包時，就會將配方稱作「準備1kg的麵團」。

— 例 —

法式長棍麵包

材料（6根份／準備1kg的麵團）

TYPE ER麵粉	800g／80%
Grist Mill麵粉	200g／20%
鹽	22g／2.2%
麥芽溶液	2g／0.2%
速發乾酵母	2g／0.2%
水	700g／70%

※ 準備好材料後，要計算出製作6根法式長棍麵包所需的份量，接著算出「烘焙百分比」。在此情況下，「TYPE ER」和「Grist Mill」是麵粉的種類，合計為1kg。所以要寫成「準備1kg的麵團」。將此份量當成100%，用各材料的份量去除以麵團份量，算出烘焙百分比。

在每天備料量都不同的麵包店內，使用比例而非重量來記載，會比較容易計算出材料的需求量，做出品質穩定的商品。在本書中，會同時記載「相對於成品份量的材料重量」與「烘焙百分比」。

因為有了烘焙百分比，在參考本書來製作麵包時，就能依照自己喜愛的成品量來準備材料，對於以開麵包店為目標的人來說，在材料配方的構思上，我認為這一點也會發揮作用。

Focaccia

佛卡夏麵團

義大利的代表性麵包是我的拿手好戲。要發揮其鹹味

　　佛卡夏麵包是很有代表性的義大利麵包，日本人也非常熟悉。此麵包的意思是「用火烤過的東西」，據說源自於義大利北部的熱那亞。人們認為此麵包的歷史很悠久，從古羅馬時代就有人在吃。

　　對於曾在義大利學藝、工作的我來說，佛卡夏麵包是我非常熟悉的麵包。由於不管怎麼說，我每天都在吃，所以不僅是舌頭，連整個身體都記住了佛卡夏麵包的味道。

　　我認為，義大利當地的佛卡夏麵團的主流作法為，使用較多的橄欖油與蛋白質含量較少的麵粉。依照我在義大利品嚐時的舌頭的記憶，以及義大利麵包那獨特的風格，在「TRASPARENTE」，我們會挑選符合日本人味覺的麵粉，而且做法也會逐步地慢慢改變。

　　藉由變更排氣翻麵與整型的時機，就能輕易地為麵團增添樣貌。這點正是佛卡夏麵團的特徵。為了使內部變得鬆軟，便於搭配料理，所以會做成較大的尺寸。也可以搭配上料理用的醬汁與配料，做成披薩風格的麵包。由於和蔬菜與香草植物等配料很搭，所以種類變化很豐富，做起來非常有趣。

　　即使一個人做麵包，只要使用佛卡夏麵團，就能輕易做出變化。依照製作者的不同，麵團的樣貌當然也會一口氣改變。由於「TRASPARENTE」會依照該區域顧客的喜好來製作麵包，所以各店鋪還會製作各種不同商品，令人感到十分有趣。

迷迭香佛卡夏麵包—— 佛卡夏麵團的基本款麵包

材料（1張烘焙墊的份量）

材料	份量
Auberge 麵粉	300g／100%
鹽	7.2g／2.4%
細砂糖	7.2g／2.4%
速發乾酵母	5.4g／1.8%
水	198g／66%
橄欖油	18g／6%
橄欖油	適量
岩鹽	適量
迷迭香	適量

作法

1 把18℃的水和所有材料放入攪拌機中，先用1速攪拌6分鐘，再用2速攪拌3分鐘。

2 把麵團分割成500g。

3 靜置30分鐘後，用擀麵棍將麵團擀成方形。

4 放入發酵箱中30～40分鐘後，取出麵團，用手指戳出6～7個小孔。

5 把橄欖油淋在麵團表面，撒上岩鹽和迷迭香。

6 放入已加了蒸氣的240℃烤箱中烤12分鐘。

迷迭香
佛卡夏麵包

義大利佛卡夏麵包的特色在
於，鹹味較強。沒錯，這種
麵包單吃就夠好吃了。迷迭
香最好使用新鮮的。雖然乾
燥迷迭香很方便，但新鮮迷
迭香的獨特風味還是很特
別。

番茄佛卡夏麵包

在用來注入橄欖油的孔洞中放上切半的櫻桃番茄。散布在麵團各處的紅色確實很可愛。為了增添味道與風味的特色，所以會先撒上奧勒岡葉再烤。

橄欖佛卡夏麵包

在使用了大量橄欖油的佛卡夏麵團中放上橄欖來當作配料。在此麵包中，可以盡情品嚐到橄欖的滋味。橄欖使用的是切半的綠橄欖。做出了清爽風格的麵包。

玉米佛卡夏麵包

把玉米粉混入佛卡夏麵團中，表面也撒上玉米粉，然後再烤。使用少許迷迭香來增添風味。把麵團鋪在烤盤上，接著烤成薄板狀後，再分切成適當大小。

菜豆培根莫札瑞拉起司 佛卡夏麵包

放上菜豆、培根、莫札瑞拉起司，做成披薩風格的麵包。刻意不將菜豆切短，而且還先將每3根菜豆綑成一束，如此一來，就能讓人對外觀留下強烈印象。

蔬菜佛卡夏麵包

這款大量地放上多種當季蔬菜的麵包，既是使用佛卡夏麵團製成的麵包，也是「TRASPARENTE」的代表性商品。「希望能讓客人在麵包中吃到很多蔬菜」此商品中充滿了我的心願，這份心願能夠確實地傳達給顧客，也讓我感到很開心。

義式培根、芋頭、蘑菇 佛卡夏麵麵包

這也許會讓人感到出乎意料，但芋頭的鬆軟甜味和麵包非常搭。搭配上帶有鮮味的義式培根（pancetta）、風味與香氣很豐富的蘑菇，透過清爽的法國白起司來讓味道達到平衡。

Croissant

可頌麵團

優點在於酥脆的舒適口感。也能當成派皮來使用

說到法國早餐的話，就是這個。好幾層薄麵團重疊在一起，奶油的香氣籠罩著麵團。

雖然可頌是麵包，但也有類似糕點的部分，實際上，作法也很像名為千層酥皮的派皮。做法為，先透過麵粉類、酵母、水等材料來製作基本麵團（detrempe），然後持續地將奶油摺進麵團中。

此時所使用的奶油份量很多，比起一般麵包店的可頌，「TRASPARENTE」會使用比例更高的奶油，基本麵團和奶油的比例為 3：1。因此，若不仔細地做，就做不出可頌的獨特酥脆口感。把基本麵團均勻地擀平，包進奶油後，再次擀麵團時，要先讓麵團轉動 90℃，再均勻地擀平。雖然對於了解可頌麵包做法的人來說，這是理所當然的步驟，但是否能夠正

確地執行，則是另一回事。要採取專注且細心的態度。

另外，溫度管理也很重要。在摺麵團時，要摺成 3 層，並重複 3 次，而且每次摺完後，都要放入冰箱中，讓麵團休息。使用發酵箱來進行發酵時，要將溫度設定為大約 27℃。花費 2 小時到 2 個半小時，慢慢地讓麵團發酵，使麵團內層打開來，以呈現出可頌麵包的特色。

可頌麵團可以做成各式各樣的甜麵包，像是巧克力可頌麵包、杏仁可頌麵包，也就是法國的巧克力麵包（Pain au chocolat）和杏仁可頌（Croissant aux amandes）。也可以當成派皮，放上鮮奶油與水果，或是裹上巧克力。我在製作這類商品時，都會感到很興奮。

可頌麵包──可頌麵團的基本款麵包

材料（1張摺疊麵團的份量）

基本麵團

Auberge麵粉	782g／90%
Enchanté麵粉	87g／10%
細砂糖	69g／8%
鹽	17g／2%
速發乾酵母	14g／1.6%
脫脂奶粉	26g／3%
麥芽溶液	1.7g／0.2%
煉乳	35g／4%
奶油	43g／5%
水	434g／50%
奶油	500g
蛋液	適量

作法

1 製作基本麵團。把 14℃的水、細砂糖、食鹽放入調理盆中充分攪拌至溶解。

2 把 **1** 和其餘的基本麵團材料放入攪拌機中，先用 1 速攪拌 2 分鐘，再用 2 速攪拌 3 分鐘。

3 讓 **2** 的基本麵團在常溫下發酵 30 分鐘。

4 用擀麵棍將麵團擀成方形，然後放入冰箱中靜置一晚。

5 把敲打過的奶油摺進 **4** 的基本麵團中。

6 一邊改變麵團的方向，一邊用壓派皮機來壓麵團，然後摺成 3 層厚，放入冰箱靜置 30 分鐘。重複此步驟 3 次。

7 用壓派皮機把 **6** 的麵團壓成 5mm 厚，然後切成縱長 15cm、寬度 11cm 的三角形，並將重量調整為 60g。

8 從三角形的底邊將麵團揉圓，做成可頌的造型。
　※ 底邊部分要多捲一點，以形成麵包芯。

9 放入發酵箱中，進行 2 小時～ 2 個半小時的最終發酵。

10 沿著捲痕塗上蛋液，放入上火 240℃、下火 200℃的烤箱中烤 18 分鐘。

可頌麵包

由於想要確實地將表面上色，所以用較強的上火來烤。由於不管將麵團擀得多均勻，多少還是會出現烤得不均勻的情況，所以暫且把麵團切成三角形，並將重量統一為 60g。

巧克力可頌麵包

就是所謂的巧克力麵包（Pain au chocolat）。無論是在以前或者是現在，包覆著濃郁巧克力的麵包，都是可頌麵團的經典款麵包之一。這也是從「TRASPARENTE」開幕時就有製作的麵包之一。

杏仁可頌麵包

在義大利文中，杏仁叫做「曼多爾雷」，為了方便稱呼，我們去掉「爾」字，將此商品命名為「曼多雷」。說到為何是杏仁的話，這是因為我們使用了「杏仁奶油（crème d'amande）」與「卡士達醬（crème pâtissière）」。沒錯，此商品就是法國的杏仁可頌（Croissant aux amandes）。

紅色杏仁可頌

在做好的巧克力可頌麵包上再多下一些工夫。讓卡士達醬和覆盆子醬隱藏在麵皮中，並在表面擠上杏仁奶油。對於甜食愛好者來說，是難以抗拒的商品。透過覆盆子醬和覆盆子粉來突顯「rossa」，也就是紅色調。

鮮奶油可頌

把可頌麵團切成長方形後，做出凹陷處，擠上乳脂含量很高，且味道很有深度的發酵奶油，以及雙倍鮮奶油，然後再拿去烤。雙倍鮮奶油烤過後，會形成起司般的味道。烤好後，最後再塗上果膠，就完成了。

蘋果柑橘可頌麵包

此商品與鮮奶油可頌一樣，都是使用切成細長形的可頌麵團。裡面放了杏仁奶油、蘋果丁，而且還放了帶有酸味的蜜漬柑橘來調和整體的味道。最後再放上車窩草和藍莓來當作效果色。

貓咪麵包

麵團份量是鮮奶油可頌的 1/3。在大小約為正方形的麵團上，放上杏仁奶油與各種水果。想要稍微吃點甜食時，這種兩三口就能吃完的甜點類麵包會讓人很高興。水果使用的是杏桃與西洋梨等各種水果，有時會使用一整顆，有時則使用切片。推出了許多種類的商品，讓客人能夠開心地挑選。

季節性的
迷你丹麥麵包

上一頁的貓咪麵包使用的是
切成正方形的可頌麵團，相
較之下，這款迷你丹麥麵包
使用的則是，將二次利用的
可頌麵團捲起來並切開後所
形成的螺旋狀表面。前方的
是蜜漬柑橘口味，後方的則
是表面放上了草莓果醬的麵
包。兩者都撒上了切碎的杏
仁與開心果來呈現出有特色
的口感和顏色。

卡尼可頌麵包

迷你丹麥麵包所呈現的是丹
麥麵包的層次感，相較之下，
此商品的表面裹上了巧克
力。白巧克力糖衣上面放了
冷凍乾燥的覆盆子，巧克力
糖衣上面則是放了蜜漬柑
橘。這樣做不僅能讓味道變
得協調，也能達到顏色的對
比效果。

巧克力可頌

與迷你丹麥麵包和卡尼可頌麵包一樣,是另一款具備螺旋狀樣貌的商品。把巧克力豆撒進二次利用的可頌麵團中,然後捲起來,切成圓片狀後再拿去烤。最後會淋上巧克力糖衣,撒上杏仁角。此商品從開幕以來就擁有令人自豪的不變人氣。

黃桃藍莓可頌

使用尺寸為鮮奶油可頌一半的可頌麵團。放上黃桃切塊與藍莓,撒上薄荷、切碎的開心果,最後再灑上糖粉。由於放上的是當季水果,所以會依照季節來變更種類,像是「鳳梨與覆盆子」、「白桃與黑醋栗」等組合。

義大利蘋果派

一般的義大利水果派會使用餅乾麵團,但在「TRASPARENTE」,則會使用可頌麵團來打造出酥脆的輕盈口感。先在鋪滿烤盤的可頌麵團上放上使用鳳梨和蘋果熬煮而成的果醬,以及切片蘋果,再拿去烤。在蘋果部分,適合選用紅玉等帶有酸味的品種。在夏天,會將蘋果換成藍莓等水果。

Pain au lait

牛奶麵團

令人懷念的溫和滋味。這就是所謂的甜麵包麵團

「au lait」指的是「加入牛奶」的意思。沒錯，如同其名，這就是使用加了牛奶的麵團製成的麵包。藉由加入牛奶，就能做出鬆軟且口感溫和的麵團。這樣說或許很抽象，不好懂。舉例來說，只要說這種麵團適合用於奶油麵包與紅豆麵包這類持續受到喜愛的麵包，也許就會很容易理解。

在「TRASPARENTE」店內，並不會在早上或是固定的時間一口氣烤出大量的麵包，而是採用「一邊觀察情況，一邊依照需求來烤製麵包」這種做法。畢竟有時會發生意料之外的事。在烤麵包前會考慮到季節、當天的天氣、

當地的活動等因素，商品經常會賣得出乎意料地好。在那種情況下，只要有如同牛奶麵團那樣方便處理的麵團，就會很有幫助。

麵包這種東西會隨著時間經過而持續熟成。依照麵團種類，各有特色，有的麵包即使放置了一個晚上，也不會發生什麼大變化。在「TRASPARENTE」店內，會依照這些麵團的特徵來變更麵團的準備方式與烘烤時間。我們會盡量勤奮地烘烤牛奶麵團，而且每次都會擺上陳列架，讓客人能夠吃到剛出爐的麵包。

奶油麵包 ── 牛奶麵團的基本款麵包

材料（6個份）

Mon Amie麵粉	140g／100%
細砂糖	16.8g／12%
鹽	2.1g／1.5%
新鮮酵母	4.2g／3%
雞蛋	28g／20%
牛奶	70g／50%
奶油	21g／15%

卡士達醬（Crème pâtissière）

牛奶	240g
香草醬	1.92g
蛋黃	64.8g
細砂糖	48g
Enchanté麵粉	24g
奶油	12g
蛋液	適量

作法

1 把奶油以外的材料放入攪拌機中，先用1速攪拌2分鐘，再用2速攪拌3分鐘。

2 放入已 **1** 恢復常溫的奶油。再次進行攪拌，依序為1速2分鐘、2速3分鐘、3速4～5分鐘。

3 把麵團移到麵團發酵箱中，使其發酵30分鐘。

4 把 **3** 的麵團分割成30g後，揉圓，靜置20分鐘。

5 用擀麵棍將 **4** 的麵團擀成橢圓形，放上卡士達醬30g後，把麵團摺起來。

6 以不會壓扁的方式來把邊緣部分闊起來，用剪刀在5處剪出切痕，使其變成手套形狀。

7 放入發酵箱，進行50分鐘的最終發酵。

8 在表面塗上蛋液，放入上火240℃、下火200℃的烤箱中烤7分鐘。

卡士達醬的作法

把蛋黃和細砂糖攪拌至帶有白色的狀態。放入過篩後的Enchanté麵粉，攪拌至粉味消失。倒入已在鍋中加熱到快要沸騰的牛奶和香草醬，然後再次倒回鍋中，用大火來煮。當鮮奶油失去彈性，產生光澤後，就關火，移至調理盤中。透過急速冷卻方式來去除熱氣後，放入冰箱。

奶油麵包

用手拿起「TRASPARENTE」的
奶油麵包時，會覺得意外地有份
量。這就是加入了大量卡士達醬
的證據。鬆軟柔和的牛奶麵團把
果凍狀的濃郁卡士達醬包在裡
面。

紅豆麵包

我想要做出能讓客人吃了之後會露出笑容的麵包。我覺得，我想要提供的不是很有麵包師個人特色的麵包，而是客人想要的麵包。之所以會在店內擺放紅豆麵包就是這個原因。把 30g 的顆粒紅豆餡包進 30g 的牛奶麵團中，確實地烤出帶有光澤的圓潤麵包。

義式小角麵包

這是「TRASPARENTE」版的巧克力螺旋麵包。把擀成棒狀的麵團做成圓筒狀，而非圓錐形。為了讓大人吃了也會覺得很好吃，巧克力鮮奶油當中使用了黑巧克力和蘭姆酒。我的風格為，擠上大量的巧克力鮮奶油，讓人在吃的過程中，巧克力鮮奶油會多到從另外一邊的洞中跑出來。

卡士達醬口味的義式小角麵包

此商品把義式小角麵包中的巧克力鮮奶油換成了濃郁的卡士達醬。使用按鈕狀的白巧克力與切碎的開心果來作為點綴，加入了一點玩心。

布里歐麵包

既是麵包，也是糕點。
兼具兩者的優點

「沒有麵包吃的話，為什麼不吃蛋糕呢？」這是瑪麗・安東妮的著名發言。這裡所說的「蛋糕」指的是布里歐麵包。此麵包的確是使用加了奶油和鮮奶油的多油脂麵團（rich類麵團）製成，就算說是糕點也不會有人反對。會讓人聯想到花朵的獨特造型也很可愛。

蜂蜜布里歐麵包

迷你尺寸的布里歐麵包。雖然乍看之下很單純，但在麵團中加入了固態蜂蜜，品嚐時，帶有刺激性的甜味會一口氣擴散開來。這款商品會讓人認同「布里歐麵包是糕點」的說法。

Brioche

布里歐麵團

吃起來像糕點的多油脂麵團。重點在於，要做成濕潤的口感

其實，在我學藝的義大利，布里歐麵包大多都是乾巴巴的。我覺得，這是唾液分泌方式的差異所造成的，對日本人的舌頭來說，若不做成濕潤口感的話，就會很難接受。「TRASPARENTE」的布里歐麵團中會加入鮮奶油來呈現出濕潤口感。

每間店的布里歐麵包的做法有很大差異。首先，有的店會先攪拌奶油，再加入其他材料，有的店則採用「先製作加了酵母的麵團塊，再依序加入其他材料」的方法。「TRASPARENTE」的做法則是，先把奶油之外的材料攪拌均勻後，然後再加入奶油。麵團揉好時的溫度為 25℃，然後會放入冰箱中靜置約一天，此時的重點在於，要避免麵團變乾。藉由這樣做，就能做出濕潤的麵團。

在製作蜂蜜布里歐麵包時，如同其名，會在麵團中加入蜂蜜。我們使用的蜂蜜是富澤商店的「feel honey」這款固態蜂蜜。此商品為骰子狀，具備耐熱性，所以烤好後，顆粒會殘留下來，一咬下此顆粒，就會感受到帶有黏稠感的強烈甜味。在品嚐時，此甜味會成為口感與味道上的特色。

雖然布里歐麵包以會讓人聯想到花朵的造型而聞名，但即使做成土司麵包的形狀，也足以成為餐桌上固定會出現的食物。布里歐麵團兼具糕點的特色，實際上也容易做成想像中的造型，像是每天吃的土司麵包，或是使用該土司製成的三明治，很容易用於正餐中。這種帶有甜味且濕潤的布里歐麵團，擁有任何人吃了都會真心覺得好吃的味道。

蜂蜜布里歐麵包

材料（布里歐麵包模具11個份）

Mon Amie麵粉	200g／100%
鹽	3g／1.5%
細砂糖	36g／18%
雞蛋	20g／10%
鮮奶油	36g／18%
水	84g／42%
奶油	36g／18%
速發乾酵母	1g／0.5%
新鮮酵母	6g／3%
feel honey（固態蜂蜜）	136g／68%

作法

1 把除了奶油以外的材料放入攪拌機中，先用 1 速攪拌 2 分鐘，再用 2 速攪拌 2 分鐘。

2 把已恢復常溫的奶油放入 **1** 中，再次攪拌，依序為 1 速 2 分鐘、2 速 5 分鐘、3 速 8 分鐘。

3 把麵團放入麵團發酵箱中，為了避免麵團變乾，要將麵團放入冰箱中靜置 18 ～ 24 小時。

4 從冰箱中取出後，將麵團放在常溫下約 1 小時，提升麵團溫度，促進發酵。

5 加入 feel honey，一邊用刮板來切麵團，一邊攪拌。攪拌均勻後，讓麵團靜置 20 分鐘。

6 把 **5** 的麵團分割成各 50g，揉成圓形。

7 靜置 30 分鐘後，揉圓，放入模具中。

8 進行 40 ～ 50 分鐘的最終發酵。

9 放入上火 240℃、下火 200℃的烤箱中烤 12 分鐘。

用於土司麵包的麵團是布里歐麵團的基本應用！

第二布里歐麵包

在蜂蜜布里歐麵包的做法中，把麵團攪拌好後，最後不加入固態蜂蜜，而是直接做成土司麵包的話，就會形成此商品（第二麵團）。帶有濕潤口感與柔和甜味，不用沾任何東西，直接吃就夠好吃了。

抹茶白巧克力布里歐麵包

把抹茶揉進第二麵團中，然後混入白巧克力豆，烤成小巧的土司麵包形狀。透過似乎可以收進手掌中的小巧尺寸感、抹茶的綠色、偶爾會露出來的白巧克力的白色，來呈現出可愛的風格。

榛果巧克力布里歐麵包

把第二麵團擀薄，包入榛果和巧克力豆並捲起來，切成較小塊後，再拿去烤。切面的榛果和巧克力豆很酥脆，不僅帶有甜味與香氣，也能賦予麵包有趣的口感。

藍莓白巧克力布里歐麵包

把混入了白巧克力的第二麵團擀薄後，將其當成一張畫布，像是在作畫般地放上藍莓和杏仁切片。先撒上切碎的杏仁和開心果，再撒上糖粉，使其變得更加藝術。

Pain viennois

維也納麵團

賣點在於酥脆的口感與容易親近的味道

「viennois」的意思是「維也納風格」。大概就是使用含有較多奶油或牛奶的麵團來當成油脂較豐富的麵包卷麵團吧。口感酥脆，具有令人容易親近的味道，在法國的麵包店內也很常見。可以直接吃，也可以包入鮮奶油等配料，當成三明治來吃。在我曾待過的鄰國義大利，就沒有賣這種麵包。雖然這也許只是我知道的範疇，但這種差異還是很有趣。

在「TRASPARENTE」，我們會用心做出口感酥脆，讓人真心覺得好吃的維也納麵團。說到做法的話，維也納麵團的一大特徵在於，攪拌後，不會進行第一次發酵。我認為，藉由不進行發酵，就能直接地發揮麵粉的特色。在各種麵團當中，維也納麵團是作法和處理方式較簡單的麵團，不過由於油脂較多，所以在攪拌麵團時，必須特別注意麵團的軟硬度。

另外，從麵包店的立場來看，可以冷凍保存也使其成為很方便的麵團。先將麵團分割後，再進行冷凍。話雖如此，並不會擺放好幾天，而是會在 2～3 天內用完。會這樣說是因為，酵母會確實產生作用的時間只有這幾天而已。

先加入蒸氣後，再將維也納麵團放入烤箱中烘烤，就能烤出濕潤的麵包。在販售時，還會再多下一點工夫。會這樣說是因為，這種麵團很容易變乾。因此，要在工作台上將商品包起來，放入塑膠袋中，讓美味持續久一點。

小女孩咖啡奶油麵包 —— 維也納麵團的基本款麵包

材料（8個份）

TYPE ER 麵粉	240g／80%
Auberge 麵粉	60g／20%
鹽	6.6g／2.2%
細砂糖	15g／5%
新鮮酵母	9g／3%
牛奶	210g／70%
奶油	30g／10%
杏仁角	適量
榛果巧克力片	40g

咖啡奶油

奶油	135g
糖粉	87g
TRABLIT（咖啡萃取物）	15.3g

作法

1 把奶油以外的材料放進攪拌機中攪拌，依序為 1 速 4 分鐘、2 速 4 分鐘、3 速 4 分鐘。

2 把已恢復常溫的奶油放入 **1** 中，再次攪拌，依序為 1 速 3 分鐘、2 速 3 分鐘、3 速 6 分鐘。

3 不進行發酵，直接分割成 70g，靜置約 15 分鐘。

4 排氣後，把麵團做成長度 20cm 的細長形。

5 劃上切痕，放入發酵箱中，使其發酵 20～30 分鐘。

6 在表面放上杏仁角。

7 把蒸氣加進 240℃ 烤箱中，放入麵團，烤 14 分鐘。經過 7 分鐘後，中途要將烤盤的前後對調。

8 冷卻後，從側面劃出一道切口，夾入咖啡奶油 20g 和切碎的榛果巧克力片 5g。

咖啡奶油的作法

把糖粉加到已事先在常溫下放軟的奶油中，以不會讓空氣進入的方式來攪拌。逐次少量地加入 TRABLIT，攪拌均勻。

小女孩
咖啡奶油麵包

外觀也很可愛的迷人麵包。
裡面包了咖啡奶油、榛果巧
克力片，麵包表面撒上了杏
仁角，藉此就能讓甜味、香
氣、輕微的苦味等多種美味
重疊在一起。

小女孩麵包

裡面包了煉乳奶油，可以說
是「TRASPARENTE」版的
法式牛奶麵包。在烘烤時，
採用簡單的做法，麵團表面
沒有撒上杏仁角。這是從開
幕時就有在製作的商品，至
今仍有令人自豪的不變人
氣。

Rustique

田園風麵團

Q彈口感令人吃了還想再吃，飽足感也很夠

雖然「TRASPARENTE」各店的基本款麵包陣容與中目黑的總店相同，但由於各店的位置條件都不同，所以客群也有差異。有的店會推出原創商品，有些獨家商品也很熱賣。

田園風麵包就是那樣的商品之一。在法文中，rustique 的意思是「田園風格」，也是一種法式麵包。最大特色在於，含水量很高。我們比較過其他含水量也很高的義大利麵包與拖鞋麵包，但在製作田園風麵包時所需的水，比那些麵包都來得多。另外，拖鞋麵包中會使用到橄欖油，相較之下，田園風麵包則不使用油脂。由於含有很多水分，所以也相對地很有嚼勁，屬於味道更加樸素的麵包。由於切開後，會冒出許多大氣泡，所以把配料包進該處，做成三明治也不錯。

「TRASPARENTE」的鄉村風麵包的水份量是麵粉的80%，遠比其他麵團高得多。如此一來，在製作麵團時，就無法做成圓形或摺疊等形狀。因此，要反覆進行「排氣翻麵」這項步驟，做成含水量雖高，但還是能夠使用的麵團。

雖然原味的鄉村風麵包也很好吃，但只要加入配料，就能與其不整齊的形狀相輔相成，形成樣貌更加豐富的麵包。左邊的照片就是例子。前方的是把綠橄欖和黑橄欖這2種橄欖揉進麵團中做成的麵包。右後方的麵包使用的是混入栗子和榛果的麵團，表面撒滿了大量的罌粟籽。栗子的使用量為麵團重量的50%之多。左後方為加了無花果乾的田園風麵包。各自形成了很有特色的麵包，光是用看的就覺得很有趣。

鄉村風麵包（橄欖）

材料（5個份）

材料	份量
Auberge麵粉	300g／100%
鹽	6g／2%
速發乾酵母	3g／1%
水	240g／80%
黑橄欖、綠橄欖（合計）	138g／46%
續隨子	60g／20%

作法

1 把除了橄欖與續隨子以外的材料放入調理盆中，用手揉捏，直到粉味消失且麵團成型。

2 在常溫下靜置 30 分鐘後，進行排氣翻麵。重複此步驟 3 次。

3 放進冰箱內，使其發酵 18～24 小時。

4 讓麵團恢復常溫。

5 把橄欖和續隨子混入麵團中後，靜置 30 分鐘。

6 把麵團分割成 120g，扭出形狀，在頂部塗上麵粉（適量，不計入材料表中）。

7 進行 30 分鐘的最終發酵。

8 在烤箱裡面的前後兩側加入水蒸氣，然後用上火 260℃、下火 250℃的烤箱烤 15 分鐘。

Bagel

貝果

既可以直接吃，也能做成三明治

　　據說，貝果的起源是東歐的猶太人社區所吃的麵包。在美國紐約、加拿大蒙特婁等北美地區，是很受歡迎的麵包。在日本國內，也有一些專賣店分布在各地，在超市與便利商店也能夠看到其蹤影，我覺得貝果已變成日本人很熟悉的麵包。

　　追求健康飲食者會吃這種麵包。會這樣說也是因為，貝果當中不使用奶油、雞蛋、牛奶等一般麵包材料。因此，貝果屬於低熱量的麵包，脂肪含量與膽固醇比其他麵包來得少。

　　貝果的健康取向當然不用說，而且作法也很獨特。與其他麵包最大的差異在於，在放入烤箱烘烤之前，會先煮過。藉由水煮，可以停止發酵作用，創造出具有咬勁的扎實口感。貝果的耐餓度也很好，有不少本店的支持者，在麵包當中特別喜愛貝果，我也很認同這一點。

　　另外一項讓貝果之所以是貝果的重點在於，使用糖蜜。糖蜜指的是，含有「在精製砂糖時所形成的糖分以外的成分」的廢糖蜜。用類似黑糖蜜那樣的東西來舉例的話，也許會比較好懂。糖蜜是含有黑褐色糖分的液體，藉由使用糖蜜，可以使貝果表面形成看起來的確很美味的焦糖色，且能增添些微的香氣。

　　糖蜜的使用方式因店而異。有的人會將糖蜜加進煮麵團時所使用的熱水中，有的人則會事先將糖蜜加進麵團中。「TRASPARENTE」是採用後者的作法。

　　雖然原味也很好吃，但也可以像左圖正中央那個麵包那樣，把固態蜂蜜嵌進麵包中，或是仿效左後方那個麵包的作法，先把乳酪絲放在麵團上，再拿去烤。

貝果

材料（4個份）

Mon Amie麵粉	300g／100%
鹽	4.5g／1.5%
細砂糖	15g／5%
速發乾酵母	4.5g／1.5%
糖蜜	6g／2%
水	162g／54%
水	2L
細砂糖	50g

會使用的配料包含了 feel honey（固態蜂蜜）、乳酪絲等。

作法

1　把所有材料放入攪拌機中，先用 1 速攪拌 15 分鐘，再用 2 速攪拌 15 分鐘。

2　揉好麵團後，立刻分割成 110g。

3　整型。把麵團摺成 3 層，做成棒狀後，將兩端連接起來，使其形成環形。

4　放入發酵箱中，進行 30 分鐘的最終發酵。

5　把水放入鍋中煮沸，加入細砂糖使其溶解後，放入 4 的麵團，煮 1～2 分鐘。

6　煮好後，把麵團放入上火 240℃、下火 240℃的烤箱中烤 10 分鐘。

English muffin
英式瑪芬

早餐中常見的麵包。使用玉米粉來增添獨特的香氣與甜味

大概是哪家麵包公司的功勞吧。在日本，英式瑪芬已變得廣為人知。如同其名，這是源自英國的麵包。除了英國本國以外，英式瑪芬在澳洲、紐西蘭、加拿大、美國也很有名。

英式瑪芬主要被當成早餐。在吃法方面，可以用手將麵包橫向地撕成兩半，做成班尼迪克蛋，或是放上培根與炒蛋，也可以簡單地做成土司，放上很多奶油來吃。英式瑪芬擁有很多開孔，可以讓奶油滲進該處，此特色的確就是為了吃法而設計的。

英式瑪芬的造型有一定的規格。那就是平坦的圓形，而且擁有相應的高度。以「TRASPARENTE」的英式瑪芬來說，圓形比一般商品小一圈，高度則略高一點。另外，大概是因為人們會以「把英式瑪芬作成土司來吃」這一點作為前提吧，所以英式瑪芬烤出來的顏色會比較淺一點。在「TRASPARENTE」，則會和其他麵包一樣，確實地烤出顏色來，我認為藉此應該就能呈現出本店的風格吧。如此一來，就會像「這個是英式瑪分對吧？」這樣吸引顧客的目光，呈現與一般商品些微不同的樂趣。

撒在表面的玉米粉能夠增添獨特的粗糙口感，以及玉米才有的溫和甜味與香氣。若沒有這個，味道就會不夠扎實，對於英式瑪芬來說，是不可或缺的材料。

英式瑪芬

材料（8個份）

Auberge麵粉	300g／100%
速發乾酵母	4.5g／1.5%
鹽	6g／2%
脫脂奶粉	6g／2%
細砂糖	9g／3%
橄欖油	9g／3%
水	234g／78%
玉米粉	適量

作法

1 把所有材料放入攪拌機中，先用 1 速攪拌 6 分鐘，再用 2 速攪拌 6 分鐘。

2 轉成 3 速，攪拌至麵團成型。

3 在常溫下讓麵團靜置 30 分鐘。

4 把麵團分割成 70g 後，揉圓。放入冷凍庫中，直到麵團變硬。

5 在使用麵團的前一天將麵團移至冰箱中冷藏，使其解凍。

6 把麵團放在常溫下一小時，使其恢復原狀。

7 重新將麵團揉圓，先把玉米粉鋪在烤盤上，然後將麵團放進直徑 8cm、高度 4cm 的圓形模具中，並讓麵團上方也沾上玉米粉。

8 進行 30 分鐘的最終發酵。

9 把麵團放到烤盤上，用上火 240℃、下火 240℃ 的烤箱烤 11 ～ 12 分鐘。

Pвte sucrйe

甜塔皮

帶有爽快酥脆口感的甜塔的底部麵團就是這個

在法文中，「Pâte sucrée」的意思是「加了砂糖的麵團」。「TRASPARENTE」的甜塔就是使用這種底部麵團製成。其作用在於，使其能夠充分地呈現出「爽快的酥脆口感」這項特色。

在製作麵團時，重點在於，不要揉捏。只要揉捏的話，就會打出麵粉中的筋性，使麵團產生黏稠度與彈性。如此一來，在烤的時候，麵團就會變硬，也不會入口即化。與餡料之間的平衡也不佳。因此，訣竅在於，動作要迅速。

把以這種方式製成的麵團擀開，鋪進模具中，做出甜塔。在製作甜塔時，若要使用杏仁奶油或法蘭吉帕尼奶油（註：frangipane，由杏仁奶油和卡士達醬混合而成）來當作餡料的話，一般的作法為，把麵團鋪進模具中之後，直接倒入奶油，然後便開始烘烤，但在「TRASPARENTE」，採用的步驟則是「先盲烤（單獨烤塔皮）甜塔麵團，接著加入奶油，然後再烤一次」。

在進行盲烤時，為了避免麵團浮起，所以要先放上重石後再烤。雖然也可以使用紅豆或生米，但在「TRASPARENTE」，我們會使用塔石。而且，此塔石會發揮非常重要的作用。由於進行盲烤時，會先放上重石後再烤，所以頂部的邊緣部分雖然會被烤到上色，但由於塔石蓋在上面，所以底下的麵團盡管熟了，但卻很難說是烤得很好。因此，盲烤後，不要立刻拿掉塔石，在冷卻前，先暫時維持原狀。如此一來，由於塔石是金屬製，所以透過塔石的熱能，就能確實地從上方將底下的麵團加熱。

如此一來，即使倒入奶油，麵團也不會因其水分而變得濕黏，而是能夠維持酥脆的口感。

甜塔皮

材料（直徑18cm的甜塔模具1個份）

發酵奶油	150g
糖粉	93g
雞蛋	52.5g
杏仁粉	37.5g
Enchanté麵粉	250.5g

作法

1 在已恢復常溫的柔軟奶油中加入糖粉，攪拌均勻。

2 把打好的蛋逐次少量地加進 **1** 中，一邊攪拌，一邊使其乳化。

3 把已過篩的杏仁粉和 Enchanté 麵粉一起放入 **2** 中，攪拌到粉味消失為止。

4 把麵團集中成一整塊後，用保鮮膜包起來，放入冰箱中靜置。

義大利甜塔

直徑約 7cm 的小甜塔。
把甜塔皮進行盲烤後，鋪
上杏仁奶油，放上杏桃、
無花果等蜜漬水果，然後
再次放入烤箱中烘烤。最
後塗上杏桃果醬來呈現光
澤感。

柑橘塔

鮮豔的柑橘很引人注目。把杏仁奶油倒進盲烤過的麵團中後，再拿去烤。擠上由鮮奶油和卡士達醬混合而成的外交官奶油，放上切成方便食用大小的柑橘。水嫩的柑橘真的很清爽。使用車窩草來點綴，讓外觀變得更加漂亮。

草莓覆盆子塔

對所謂的草莓塔（Tarte fraise）再多下一些工夫。在草莓上放上橄欖球狀的鮮奶油，然後再輕輕地放上 2 顆覆盆子。最後撒上綠色的開心果碎片與糖粉

作為起司蛋糕的基底，
甜塔皮也很活躍！

在盲烤過的甜塔皮中倒入帶有輕微酸味的法國白起司這種新鮮起司、濃稠發酵奶油（creme epaisse）、香草來當作餡料，以長時間低溫烘烤的方式來製作的就是「TRASPARENTE」的起司蛋糕。只要使用甜塔皮來當作含有大量餡料的起司蛋糕的基底，就能適度地吸收水分，形成入口即化的柔和口感。味道不像甜塔那麼直接，會呈現出另一種新鮮的魅力。

關於蛋糕的部分，我曾在大型飯店與傳統的法式甜點店學藝，學會了基本的法式糕點作法。而且，我還依照本身在義大利嘗試過與看過的經驗來打造出現在的風格。在製作糕點時，我很重視美味誘人的外觀。

Macaron

馬卡龍

小小的圓形中集結了各種技術。發揮糕點師的本領

馬卡龍是日本人也非常熟悉的法式烘烤類糕點。其實，在法國各地，馬卡龍有很多種類。日本的主流商品是名為巴黎馬卡龍（Macaron parisien）或柔軟馬卡龍（Macaron mou）的產品。在烤好的小圓狀柔軟餅皮中夾入果醬或鮮奶油等。由於可以輕易地變更顏色與口味，而且外觀很華麗，所以也是很受歡迎的禮物。

我們在「TRASPARENTE」中製作的也是這種巴黎馬卡龍。材料很簡單，只有砂糖、杏仁粉、蛋白，正因如此，這也是很考驗甜點師本領的高難度糕點。烤好後，表面會出現帶有光澤的部分，叫做蕾絲裙。只要餅皮底部與烤盤接觸的部分形成了稍微溢出的裙邊狀，就證明馬卡龍烤得很漂亮。

以此方式烤製而成的馬卡龍會夾入鮮奶油。

「TRASPARENTE」店內擺放了 4 種馬卡龍，為了讓客人能透過外觀來得知裡面的鮮奶油口味，所以會變更馬卡龍餅皮的顏色。舉例來說，巧克力口味為褐色餅皮，覆盆子口味為粉紅色餅皮，檸檬口味為黃色餅皮，開心果口味為綠色餅皮。

這些馬卡龍既有單賣，當然也有送禮用的禮盒包裝。實際上，許多人會訂購這種禮盒。而且，本店也有製作如同右頁那樣，在馬卡龍上進行裝飾而製成的新鮮蛋糕。這也是在別家看不到的商品，評價相當好。

馬卡龍──基本款馬卡龍

材料（約30個份）

糖粉	237g
杏仁粉	237g
蛋白	80g
色素	適量

義式蛋白霜

水	80g
細砂糖	240g
蛋白	100g

作法

1 製作義式蛋白霜。把細砂糖和水放入鍋中攪拌，開火加熱到121℃。

2 把蛋白放進攪拌盆中，一邊打出泡沫，一邊逐次少量地加入 1。

3 把糖粉和杏仁粉一起過篩，加入稍微打過的蛋白，攪拌均勻。

4 逐次少量地加入色素，直到材料變成想要的顏色。

5 把 2 的義式蛋白霜加到 4 中，攪拌至產生光澤。

6 把 5 的麵團放入已裝上圓形擠花嘴 12 號的擠花袋中，把麵團擠在烤盤上，使其表面變乾。

7 放入 135℃的烤箱中烤 14 分鐘。

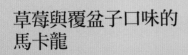

草莓與覆盆子口味的馬卡龍

使用粉紅色馬卡龍來做出裝飾得很漂亮的商品。把切成方便入口大小的草莓擺成直立的,藉由擠上鮮奶油,就能一邊讓味道取得平衡,一邊將材料固定住。頂部也使用草莓來點綴。把薄荷的綠色當成效果色。

Genoise

傑諾瓦士蛋糕

這種蛋糕體擁有濕潤感與滑順感,單吃就很好吃

這是西式糕點的基本蛋糕體之一,也就是所謂的海綿蛋糕。海綿蛋糕有 2 種作法。一種叫做分蛋法(pâte à biscuit),在處理材料當中的蛋時,會將蛋黃和蛋白分開來。另一種則叫做全蛋法(pâte à génoise),會將蛋黃和蛋白一起打發。

如同可以製作出蛋白霜那樣,蛋白的特徵在於,只要讓蛋白含有大量空氣,就可以打出隆起的泡沫。雖然使用蛋白來製作蛋糕體時,會形成氣泡,不過使用全蛋法時,由於不會將蛋黃和蛋白分開,所以氣泡會比分蛋法來得少。全蛋法可以做出細緻的蛋糕體,呈現出稍微有點濕潤的口感。

「TRASPARENTE」的傑諾瓦士蛋糕的作法為,讓基本的傑諾瓦士蛋糕更加進化。我認為傑諾瓦士蛋糕並不是專門用來搭配鮮奶油與水果的配角,我想將其做成單獨吃也很美味的蛋糕體。

我想到的是卡斯特拉蛋糕。與分蛋法相比,採用全蛋法來製作的傑諾瓦士蛋糕確實比較濕潤。話雖如此,在品嚐時還是會覺得有點乾,這一點是無法否認的。為了解決這個問題,牛奶的量不能只是敷衍了事,而是要將其當成主材料,確實加入足夠的量。另外,雖然在一般的食譜中,麵粉的比例會較高,但我們要減少麵粉的量,並提升砂糖和奶油的量。如此一來,就能做出直接吃也很有味道的濕潤蛋糕體。

以這種方式做出來的蛋糕體擁有滑順的口感,和鮮奶油以及水分含量較高的水果都非常搭。雖然味道不同,但只要使口感的走向變得一致,就能形成美妙的和諧滋味,在口中迅速融去。

傑諾瓦士蛋糕(原味)

材料(6取烤盤1盤份(註:6取烤盤為日式烤盤的規格之一,尺寸為530×380mm))

雞蛋	639g
細砂糖	568g
低筋麵粉	468g
牛奶	125g
奶油	83g

作法

1 把蛋和細砂糖混合,以隔水加熱的方式加熱到和體溫差不多的溫度。

2 把 **1** 倒進攪拌機中,用 4 速來打出泡沫。

3 當泡沫確實立起來後,就轉成低速,攪拌 2 分鐘,調整泡沫質感。

4 將低筋麵粉過篩後,加到 **3** 中,攪拌至粉味消失。

5 把牛奶和奶油放入鍋中煮沸後,逐次少量地加到 **4** 中攪勻。

6 倒入模具中,用 170℃ 的烤箱烤 23 分鐘。

草莓蛋糕

使用多種擠花嘴來擠出鮮奶油，使其產生設計感。最後放上藍莓和薄荷來突顯色彩。在「TRASPARENTE」店內使用傑諾瓦士蛋糕來製作整個蛋糕時，基本上會做成直徑 12cm 這種較小的尺寸。由於味道濕潤且有深度，所以即使尺寸較小，滿足感還是很夠。

巧克力蛋糕

把巧克力粉加進傑諾瓦士蛋糕中，做成巧克力蛋糕
體來使用。此蛋糕的直徑為 9cm，尺寸比草莓蛋糕
小一號。在家庭成員人數較少的這個區域，這種尺
寸剛好夠讓 2～3 個人吃。

鮮奶油草莓蛋糕

作為所謂的小蛋糕（petit gateau）來說，
此商品相當於草莓蛋糕。由於傑諾瓦士
蛋糕本身就有味道，所以沒有使用大量
的甜糖漿，而是僅使用稀釋過的覆盆子
糖漿來增添風味。使用的水果會隨著季
節而變換。

Scone

司康鬆餅

可以當成早餐和點心，是很受歡迎的烘烤類糕點

在「TRASPARENTE」店內的眾多商品當中，司康鬆餅是非常暢銷的商品之一。人氣高到平日能賣出 65 個，一到週末，則能賣出多達 100 個。此商品可以當成早餐和點心，有點小餓時，可以爽快地大口咬下，這點讓我覺得很棒。

司康鬆餅大致上可以分成 2 種。一種會用於英式下午茶，另一種則會在美國的咖啡店等處販售。在英式下午茶中，一般來說，不會單吃，而是會放上鮮奶油或果醬來吃。屬於入口即化（依照種類，也有較濕潤的）且略甜的小型麵包。

另一方面，美式司康鬆餅則是用來配咖啡的點心。由於確實烤好後，商品就完成了，所以不用沾任何東西，就算用手拿也不會弄髒手，這一點也很棒。「TRASPARENTE」製作的是美式司康鬆餅。

這款司康鬆餅是經過多次改良才變成現在這樣。店內會製作 4 種司康鬆餅，為了在外觀上做出區別，所以以前會用圓形模具來切出麵團，或是先將麵團擀開後，切成三角形和長方形。如此一來，用模具切出麵團時，就會產生多餘的麵團。還要再次將麵團擀開，一邊測量尺寸，一邊切。這種方法很費工。

為了解決這種問題，所以我們會將已分割成固定份量的麵團放入直徑 12cm 的圓形模具中，然後縱向、橫向各切一刀，把麵團切成 1/4。如此一來，就能提升生產效率，變得能夠在短時間內準備好大量的司康鬆餅。為了讓麵團變得濕潤，所以要讓麵團靜置 1 晚。由於麵團能夠冷凍保存，所以會貯藏起來，讓司康鬆餅隨時都能在店內上架。

原味司康鬆餅—— 司康鬆餅的基本款

材料（8個份）

奶油	120g
細砂糖	120g
雞蛋	50g
鮮奶油	180g
Mon Amie麵粉	240g
Enchanté麵粉	240g
泡打粉	30g
蛋液	適量

作法

1 把事先在常溫下放軟的奶油和細砂糖混合，用磨的方式來攪拌，直到材料變白。

2 逐次少量地把蛋加到 **1** 中攪勻。

3 逐次少量地把鮮奶油加到 **2** 中攪勻。

4 把一起過篩後的 Mon Amie 麵粉、Enchanté 麵粉、泡打粉分成兩次加入，並攪勻。

5 把 **4** 的麵團分割成 440g，放入直徑 12cm 的圓形模具中，將表面弄平後，切成 1/4。

6 放入冰箱中靜置一晚。

7 在表面塗上 2 次蛋液，用 170℃的烤箱烤 24 分鐘。

原味司康鬆餅

在烘烤類糕點當中,銷量佔有絕對優勢的就是司康鬆餅。在烤之前,要塗上 2 次蛋液,讓表皮能確實地烤出顏色。藉此來呈現「TRASPARENTE」的風格。使用了大量鮮奶油和蛋來呈現濃郁風味。

葡萄乾司康鬆餅

把葡萄乾 250g 揉進麵團後烤製而成的司康鬆餅。
由於放入了大量葡萄乾，所以烤好時，葡萄乾會從
麵皮中露出來，呈現出看起來真的很美味的樣貌。

巧克力豆司康鬆餅

把巧克力豆 250g 揉進麵團中製成的司康鬆餅。由
於兩者都帶有黑色，所以似乎會和使用葡萄乾做成
的葡萄乾司康鬆餅搞混。外觀上的差異在於，巧克
力豆的顆粒略小，而且烤好時，巧克力豆都位在麵
皮中。

焦糖巧克力豆司康鬆餅

這是另一款司康鬆餅。麵團中揉進了焦糖巧克力豆
250 g 。不管哪一種司康鬆餅，都是從開幕時就存
在的商品。也有許多常客決定了喜愛的口味後，就
會常回來買。

Muffin

瑪芬蛋糕

對要混入麵團的材料多下一些工夫，以呈現出特色

　　瑪芬蛋糕是美國日常點心的代名詞。相當於大型的杯子蛋糕，頂部的隆起形狀令人印象深刻。

　　由於一般的瑪芬蛋糕很有份量，吃一個就會很飽，所以「TRASPARENTE」的瑪芬蛋糕會做得比較小，適合在想要稍微吃點甜食時品嚐。中午吃完三明治後，想要用甜點來收尾時，此商品的份量也很適合。

　　一般的瑪芬蛋糕大多會混入以藍莓為首的配料，像是蘋果丁、巧克力豆。雖然那樣也很吸引人，但我們在「TRASPARENTE」店內製作的是下了更多工夫的瑪芬蛋糕。可以加入番薯等季節性食材，也可以加入煉乳。使用番薯時，為了引出其鬆軟的甜味，在砂糖部分，不僅會使用細砂糖，還會使用黑糖來增添濃郁風味。依照所使用的食材來調整砂糖，做出具有整體感的味道。

　　由於做成了可愛的尺寸，所以從小孩到成人都能輕鬆地挑選，且能當成小份量的零食來吃。右頁的蜂蜜煉乳瑪芬蛋糕是「Atelier TRASPARENTE」的限定商品，希望客人也能品嚐到該店才有的樂趣。

黑糖番薯瑪芬蛋糕 —— 瑪芬蛋糕的基本款

材料（口徑68mm、底徑55mm×高度50mm的瑪芬蛋糕模具約13個份）

奶油	284g
細砂糖	150g
黑糖	98g
鹽	2g
雞蛋	200g
黑糖蜜	46g
泡打粉	15g
紫羅蘭麵粉	414g
番薯（切塊）	398g

※ 奶油要事先在常溫下放軟。

作法

1 用攪拌器來攪拌細砂糖、黑糖、食鹽，直到結塊消失。

2 將少量的奶油加進 **1** 中攪拌。攪勻後，再次放入奶油攪拌，重複此步驟。

3 加入打好的蛋攪勻。然後再加入黑糖蜜攪勻。

4 加入一起過篩後的紫羅蘭麵粉和泡打粉，攪勻。

5 加入番薯攪勻。

6 把各115g的麵團放入瑪芬蛋糕模具中。

7 用170℃的烤箱烤 22 ～ 25 分鐘。

黑糖番薯瑪芬蛋糕

為了發揮番薯的鬆軟甜味，所以要在用於麵團
的砂糖中加入黑糖，來做出很有深度的味道。
由於使用了黑糖，所以麵團會有點黑，烤出來
的顏色也較深。

蜂蜜煉乳
瑪芬蛋糕

把煉乳混進麵團中而製成
的商品。藉由使用煉乳，
就能使麵團產生馥郁濃厚
的風味。溫和的甜味很有
包覆感，每吃一口，都能
讓心情變得溫和。

125

Chapter 3

配料與麵包的
美味和聲

想要做出種類豐富的麵包，配料是不可或缺的。
包含了蔬菜、水果、火腿與起司等加工品，
香草植物、堅果類、果乾也會發揮重要作用。
要如何和麵團結合才好呢？
雖然並非所有問題都能找到解決方法，
不過，儘管如此，我認為在構思時，還是會找到一個大方向。
本章會一邊具體地介紹「TRASPARENTE」所使用的配料，
一邊說明把配料用於製作麵包時的重點。

配料與麵包的美味和聲

若沒有蔬菜、水果、火腿、起司，就做不出「TRASPARENTE」的麵包

麵粉會決定麵包的風味與味道。能夠充分發揮麵粉優點的鄉村麵包與魯邦種麵包屬於「放入烤箱後就不用管」的麵包，光是這點就夠迷人了。不過，「TRASPARENTE」店內所擺放的麵包並非全都是那種麵包。有些麵團要透過麵包本身的溫和味道，來和配料組合起來，才能發揮出力量。

土司麵包等平常吃的麵包屬於個性不強烈，且吃不膩的麵包。由於這類味道溫和的麵團具有很高的包容力，所以容易做成「使用了蔬菜、水果、香腸、起司等配料製成的熟食類麵包」、甜點類麵包。在「TRASPARENTE」店內，這種使用配料製成的麵包占了整體的7成左右。

老實說，將配料和麵包組合起來，是件費工的事。這是因為，將麵團製作整型後，在放入烤箱前，還要再多下一道工夫。而且，並非只要放上材料即可。必須將食材切成方便入口的大小，有的食材則要先烤過或煮過。

為何要製作這種麵包呢？這大概是因為，我在思考配料運用的點子時，會運用到我本身的料理與糕點製作經驗，而且能夠增加麵包的變化方式，最重要的是，能讓客人開心。只要聽到有人說「可以吃到含有大量蔬菜的麵包」、「上面放了水果的小麵包很適合當點心」，我就會突然湧現創作欲望。

說得更深入一點的話，我認為，正因為是

麵包店，才能夠自在地運用這類配料，而且也有助於呈現出該店的風格。隨著技術的進步，超市與便利商店內所擺放的量產型麵包的品質也提升了。價格也很便宜。在這個時代，麵包店早已不能光靠麵包來一較高下了。使用當季蔬菜來製作麵包，或是透過香草植物、糖霜來做出裝飾得很漂亮的麵包，都是麵包店才有的特權。

那麼，就在這裡向大家介紹使用蔬菜和水果來裝飾麵包時的理論吧。在作為基礎的麵團上放上淺色材料。例如，放上白桃切片。然後，再放上色調明顯的材料，像是藍莓等。一邊觀察色調的平衡，一邊放上材料。在插入材料時，也許要仰賴美感。接著，若看起來很協調的話，就可以完工，若覺得少了點什麼的話，就再稍微點綴一下，像是車窩草等綠色香草植物、純白的糖粉、切碎的杏仁等。

此時，不能搞錯的是顏色的順序。一定要先用淺色材料，接著再用顏色鮮豔的材料。在上面這個例子中，其順序為白桃→藍莓，不能變成藍莓→白桃。即使兩者比例相同，淺色材料還是會處於劣勢。看起來毫無章法（實際做看看，就會清楚地感受到）。

有一點要特別留意。那就是客人的用餐情境與方便食用性。是要當作午餐還是點心呢？依照用途，適合的尺寸與配料使用方式會有所不同。若誤判這一點的話，就可能會導致顧客

的購買意願下降。必須一邊製作麵包，一邊思考該麵包適合用於什麼樣的情境。

蔬菜、水果、香腸咬不斷，起司的牽絲過長。就算外觀與味道都很好，是否方便食用則是另一回事。必須好好地思考配料的處理方式、切法、事前準備工作等。老實說，身為麵包店老闆，希望讓客人吃到剛出爐的麵包，當然，並非所有客人都是那樣。帶回家後的狀態也非常重要。一邊留意這一點，一邊徹底地思考麵團、配料，以及其搭配方式。

從下一頁開始，會介紹蔬菜、水果、加工品、香草植物、堅果、果乾、點綴方式，以及關於各種配料的想法。很少會單獨使用青花菜、香腸等配料。倒不如說，若配料是蔬菜的話，就會使用很多種，並加上培根，或是將起司和果乾搭配在一起。

此時，用來整合麵團與配料的是醬汁或鮮奶油。只要塗上羅勒醬、披薩醬、酸奶油，味道就會一口氣取得平衡。同時也有助於讓整體味道的方向性變得明確。

思考與蔬菜之間的搭配方式

Vegetables

據說「TRASPARENTE」店內有很多使用了大量蔬菜的麵包。若是那樣的話，我認為我的「想要使用很多蔬菜」這個想法有確實地傳達給員工們。

雖說都是蔬菜，但種類很多，有青花菜、番茄、菠菜，以及奶油萵苣與紅葉萵苣等葉菜類，還有馬鈴薯、蓮藕等根莖類蔬菜。毛豆等豆類應該也可以視為蔬菜之一吧。

在製作像古蘭諾小麥麵包那樣，整年都會固定使用毛豆的商品時，會運用冷凍蔬菜。但若是蔬菜佛卡夏麵包這種會放上大量蔬菜的披薩風格麵包，也就是每天會變換配料的麵包，則會一邊觀察當天的蔬菜進貨情況，一邊思考要使用何種當季蔬菜。由於蔬菜由各店負責採購，所以會反映在店長們的感性上。明顯地呈現出這一點的應該是立川店「Sesto」和鵠沼海岸店「Quinto」吧。這是因為，他們會運用地利之便來取得立川蔬菜與湘南蔬菜。農家位在附近的郊外型店面的優勢在於，能夠展現出這類食材的鮮明個性。

要使用蔬菜的麵團適合採用正餐麵包的麵團。用於土司麵包的龐多米麵團、法式長棍麵團、佛卡夏麵團就是這類麵團。差異僅在於，要將蔬菜料理和麵包搭配在一起，還是事先將麵團和蔬菜混合。這一點要說當然的話，也是理所當然的。這些也會用於製作三明治的麵團，果然還是很適合搭配蔬菜。不過，就算同樣都是正餐麵包，由於鄉村麵包等麵包的個性很強烈，所以適合採用味道更加強烈的食材，像是鴨肉、起司等。

使用蔬菜時的重點並不是，因為要搭配麵包所以就要怎樣怎樣，而是要先將蔬菜本身烹調成最美味的狀態後再使用。

西葫蘆要事先用烤箱烤出香氣來，馬鈴薯要用鋁箔紙包起來，慢慢地加熱 1 小時，使其呈現鬆軟感，然後再放到麵團上。

玉米筍要先撒上鹽和橄欖油，並事先用烤箱來上色。不過，並非所有配料都要事先處理。甜椒會直接使用生的。把高麗菜切絲包進麵團中，進行蒸烤，也能呈現出甘甜滋味。

使用大量當季蔬菜就是「TRASPARENTE」的風格

儘管不是料理店，但蔬菜進貨量卻很多。會經常和蔬菜業者交流，打聽進貨情況。

把葉菜類一片片地剝下

1

事先貯藏
使用頻率很高的洋蔥絲

2

3

一整年都使用相同食材的商品，
則要運用罐頭與冷凍食材

4

偶爾也會利用蔬菜加工品

1 大多用於製作三明治的紅葉萵苣和奶油萵苣等葉菜類要一片
片地仔細清洗，並事先瀝乾水分。2 洋蔥絲用於製作三明治。
用切片器將洋蔥切成薄片後，泡入水中30分鐘，去除辛辣味。
透過這種小工夫，做出來的味道就會一口氣提升。3 雖然蔬菜的
主流為新鮮蔬菜，但用來放在店內整年都有販售的麵包上的玉
米，則會利用罐頭。毛豆會使用冷凍食品。4 有時也會使用值
得信賴的廠商的加工品。發酵高麗菜、德國酸菜會利用罐頭。

思考與水果之間的搭配方式

Fruits

　　將水果和麵團搭配在一起時，重點總之就是要瀝乾水分。這一點不限於新鮮水果與罐頭水果。使用新鮮水果時，要特別留意。以義大利蘋果派為例。將可頌麵團擀薄後，會放上用蘋果和鳳梨熬煮而成的果醬以及蘋果切片，再拿去烤。蘋果切片要先稍微煮過，去除水分後，再拿來用。

　　在新鮮水果中，有很多水分含量高的水果，因此，將新鮮水果與麵團搭配在一起的情況未必會很常見。看過「TRASPARENTE」的麵包陳列架後，也許會感到意外，但事實上就是那樣。藍莓等顆粒較小，形狀圓滾滾的藍色水果由於視覺效果很好，所以會用於最後的點綴。

　　說是取而代之好像也有點怪，但活躍頻率很高的是罐頭水果。我們會準備約8種罐頭水果。杏桃、西洋梨、黑櫻桃、柑橘、白無花果、黃桃、白桃等。也會使用夏蜜柑罐頭這種罕見的罐頭。

　　由於已經事先做成糖煮水果，形狀也很整齊，所以罐頭水果用起來很方便。日本產水果的味道和品質都特別好，和高級水果比起來，有過之而無不及。由於市場上也有販售季節限定的水果罐頭，所以也容易製作以當季水果為賣點的商品。藉由使用很多種類，麵包的變化也會增加，店內也會變得熱鬧。

　　使用水果來製作的麵包大多會使用可頌麵團。除了之前提到的義大利蘋果派這項以當季蘋果為賣點的商品以外，還有一項不能忘記的商品。那就是貓咪麵包。這是從20頁開始的『Chapter 1 會進化的麵包～「TRASPARENTE」的特色～』當中所介紹的招牌商品。其特色為，屬於兩三口就能吃完的迷你丹麥麵包，正中央會放上很多水果。由於尺寸較小，所以一個麵包能使用的水果為1種，但只要製作很多種口味的麵包，擺放在陳列架上，就會一口氣變得很華麗，並增加顧客的挑選樂趣。留意當季食材，透過使用的水果來讓顧客也能感受到季節感。

　　身為糕點師，我處理過很多水果。店內的作法大概就是源自
於這一點吧。當然，作法並非完全相同，但糕點中的水果使用方
式也能運用在麵包上的可能性非常大。我想再更進一步地推廣這
種方法，在思考點綴方式等的契合度時，腦中會湧現各種畫面。
思考水果麵包的種種設計，實在是件有趣的事。

在麵包與糕點中都很活躍

水果不僅能運用在麵包中。在甜塔與蛋糕這些糕點
中,也是不可或缺的重要材料。

分別使用新鮮水果與水果罐頭

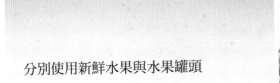

1

2 在麵包銷售處發揮襯托作用

3

使用新鮮水果時，
要先去除水分後再使用

4 有時也要多下一道工夫

1 這是事先就做成糖煮水果狀態的水果罐頭，口感很好，用起來非常方便。為了呈現出季節感，也有用來搭配時令的產品。2 前方的是把柑橘放在可頌麵團上烤成的麵包。左後方的則是將藍莓放在布里歐麵團上烤成的麵包。一般來說，由於水果的色調很鮮明，所以能夠使銷售處變得五彩繽紛。3 新鮮水果的水分含量很高，如此一來，直接使用的話，會使麵團變得濕潤，所以蘋果等水果要先透過加熱來去除水分後，再拿來用。4 烤好後，有的麵包會塗上果膠。既能使色調變得鮮豔，還能防止麵包變乾。

思考與加工食品之間的搭配方式

Processed foods

　　雖說都是加工食品，但種類很多。大致上可以分成香腸、培根等加工肉品，以及起司、鮮奶油等乳製品。這些都是「TRASPARENTE」店內經常使用的配料。

　　只要將這些加工食品和麵包搭配在一起，幾乎都會形成熟食類麵包。使用的麵團大多為用於製作土司麵包的龐多米麵團、法式長棍麵團、佛卡夏麵團。如此一來，就和「與蔬菜很搭的麵團」重複了，不過由於加工食品，尤其是加工肉品的咬勁很明顯，所以和適合蔬菜的麵團相比，使用法式長棍麵團的比例較高。這果然是因為，兩者在口感的取向上是一致的。

　　關於加工肉品之一的香腸，「TRASPARENTE」店內準備了4種。由於香腸是保存食品，所以依照種類，加熱、燻製的方法、腸衣的大小會有所不同，有的香腸還會含有辛香料等。首先，要了解該商品屬於何種類型，然後再做成能發揮各食材特色的商品。這就是為何有的麵包會使用一整根香腸，讓外表看起來很有份量，有的麵包則會使用切成小片且方便食用的香腸。用於三明治等的火腿類，則會使用直接吃也很美味的高品質產品。

　　在起司部分，店內準備了約5種。乳酪絲就有2種。店內事先準備了加熱時容易融化的起司與容易呈現濃郁風味的起司，依照「最後想要做成什麼樣的麵包」來各自使用不同起司。另外，還準備了起司粉（帕瑪森起司）、屬於藍起司的古岡左拉起司、奶油起司。除了起司以外，在乳製品方面，也會使用若干種鮮奶油，像是在鮮奶油中加入乳酸菌，且風味很濃郁的雙倍鮮奶油。

　　關於這些加工食品，若想挑選的話，高品質的產品要多少有多少，相反地，若想壓低售價的話，也要準備廉價的商品。就算品質再怎麼好，若用來做成麵包後，售價會達到1000日圓以上的話，在地經營型店家會很難接受。

　　關於此部分，我們一邊找到「麵包師的心情」與「經營上的平衡」之間的妥協點，一邊去思考「此商品是否能讓顧客高興」、「這種售價能讓顧客滿意嗎」，最後想辦法去作出貼近顧客需求的麵包。

　　另外，由於加工食品類包含了很多進口商品，商品定位與罐頭等不同，屬於基本上需要冷藏的半生食品，所以要重視產地與廠商。

分別使用各種起司

將起司和麵包搭配在一起時，會以乳酪絲、奶油起司等傳統產品為基礎，組成一個完整的商品。

依照用途來分別使用不同火腿

重視方便食用性
1

3

香腸與培根也是必需品

4 醬汁能發揮調和食材的作用

1 在使用香腸時，要注意到香腸是否有咬勁。由於有些產品的皮很硬，所以要思考與麵包之間的契合度。2 火腿經常用於製作三明治，其種類包含了煙燻火腿（brat kasseler）、煙燻牛肉、生火腿等。依照目的來分別使用不同產品。3 橫放在麵包上的香腸能提升麵包的存在感，培根則為麵包增添鮮味，兩者都是不可或缺的材料。4 由於加工食品的味道很強烈，所以若只是單純地放上去，有時也會吃膩。此時，用來撮合麵包和加工食品的就是醬汁類。在這方面，醬汁會扮演很重要的角色。

思考與香草植物、堅果、果乾
之間的搭配方式

Herbs, Nuts & Dried fruits

　　配角？不，並非如此。在製作「TRASPARENTE」的麵包時，香草植物、堅果、果乾都是很重要的材料。有時會用來點綴麵包，有時則會混進麵團中。總覺得做不出決定時，只要稍微放上這類材料，有時就能提升商品的完成度。

　　香草植物最好使用新鮮的。雖然乾燥香草很方便，但新鮮香草帶有截然不同的香氣。我常用的是迷迭香和羅勒。由於我曾在義大利工作過，也很積極地製作佛卡夏麵包與披薩風格的麵包，所以這些香草植物是不可或缺的。在烤麵包之前，先在麵團上使用香草植物來點綴，再放入烤箱加熱，藉此就能產生風味。在三明治中，香草植物也很活躍。以蒔蘿為例。對於燻鮭魚三明治來說，是不可或缺的材料。雖然味道與風味還是那樣，但能夠去除魚腥味。

　　堅果和果乾真的是萬用材料。堅果的前三名是胡桃、杏仁、榛果。會先烤過後，使其呈現更多香氣。這些堅果的使用方法為，混入麵團中，或是切碎後撒在麵團上。

　　在果乾方面，除了葡萄乾、綠葡萄乾、蔓越莓、藍莓、白無花果、黑無花果以外，在「TRASPARENTE」店內還會運用濕潤的半乾型果乾，像是橘子、瓦倫西亞橙等。雖說都是果乾，但並非只有甜味被濃縮，即使同樣很甜，有的味道很清爽，有的味道則非常濃郁。有的果乾能讓人直接感受到酸味，有的則較清淡。在顏色方面，只要把接近黑色、綠色、紅色、橘色的果乾放入麵團中，之後將烤好的麵包切開時，就會形成很漂亮的斑點。要注意的事項為，有的果乾會帶有蒂頭。要先去除蒂頭後，再拿來用，以避免影響品嚐時的口感。尺寸較大的果乾也要先切成方便食用的大小後，再拿來用。

　　使用蔬菜或水果來當作配料時，幾乎不會將其揉進麵團中，堅果和果乾的最大特徵就是，可以做到這一點。尤其是在硬麵包類當中，很少會將這類材料放在麵團中當作點綴，或是大膽地加入創意。藉由加入這些材料，就能使種類變得更加豐富。此時的重點在於，要挑選能夠與麵包的味道和風味共存的材料。

用來增添色彩、香氣、風味的香草植物

香草植物很適合用來點綴、潤飾。雖然乾燥香草很方便，但新鮮
香草的香氣與味道截然不同。

1 想要香氣的話，就使用堅果

2 備齊多種果乾

3 用來呈現切面的果乾

4 堅果類也能用來點綴麵包

　1 常用的堅果為胡桃、杏仁、榛果。大多會先烤過，引出香氣後，再拿來用。 2 果乾的用法大多為混入麵團中。各自的甜味與酸味都不同。在挑選果乾時，要考慮到與麵團之間的契合度。 3 只要將果乾混入麵團，果乾就會有如耀眼寶石般地現身在麵包的切面中。 4 有時也會使用切片或切碎的堅果類。尤其是，開心果能透過鮮豔的綠色來大大地襯托出成品之美。

最後再加把勁。潤飾工作的樂趣

　　大概是因為我曾經擔任過糕點師，而且也曾在餐廳內做過甜點負責人。當麵包烤好時，進行點綴時，當然，有的麵包只要做成這樣即可，或是順利地使用固定的材料來點綴，但有時也會出現「想要再多加把勁」的情況。如此一來，腦中就會浮現點子，變得想要大展身手。

　　因此，進行潤飾時，經常會在最後再多下一道工夫。其內容大致上可以分成，塗上果膠、滴上糖霜、撒上糖粉、撒上切碎的堅果、放上香草植物。

　　果膠不僅能夠防止麵包表面變得乾燥，還能使外表產生光澤感。此方法經常用於潤飾甜塔與蛋糕。藉此就能提升吸睛度。不僅能改善外觀，也能防止潤飾用材料倒塌。

　　進行潤飾還有另一項意義。以「TRASPARENTE」的情況來說，店內一天所擺放的麵包種類約為 100 種。在陳列架上擺放多種麵包後，就算努力地做出好麵包，但若不加強各商品的個性，使其確實地展現特色的話，很遺憾地，有時會無法吸引顧客的目光。

　　1 也會為烤好的麵包增添光澤。這樣做既是為了突顯美味度，也是為了提升外觀上的辨識度。 2 只要撒上既鮮豔又引人注目的粉紅色覆盆子粉，就能做出華麗的麵包。

因此，在製作麵包本身時，除了「是否要撒上手粉？要劃上幾道切痕？切痕是直的、橫的、斜的」，還要進行「塗上糖漿，使其乾燥後產生光澤」等步驟。與此相同，進行潤飾工作的目的不僅是為了美化外觀，也是為了讓各麵包的個性變得更加鮮明。如此一來，當麵包擺放在一起時，顧客一眼就能看出明顯差異。

　　我要說的不是「因為我本身有糕點師的經驗」這件事，我覺得麵包師在製作商品時，可以多多地從蛋糕等當中找尋靈感。學習潤飾專用的材料，並去思考如何將該材料運用在麵包上。這種態度也很重要。在「TRASPARENTE」店內，之所以會積極地使用一般麵包店內沒有的材料，像是車窩草等香草植物、顏色很漂亮的冷凍乾燥粉，偶爾還會奢侈地使用金箔等，是因為我認為必須設法提升商品價值。

　　潤飾工作是一項會令人感到興奮的步驟。負責的員工們都很開心，而且最重要的是，要藉由將麵包裝飾得很漂亮來讓客人感到高興。

3 由於車窩草是味道與香氣都很溫和的香草植物，不會與麵包的味道產生衝突，所以想要增添色調時，用起來很方便。4 覺得烤出來有點單調的時候，就塗上果醬之類的來潤飾，既能吸引目光，也可以替口感增色。

1 糕點與麵包的最大差異在於,若是糕點的話,就能在甜塔或蛋糕中使用大量的新鮮水果。2 由於奶油蛋糕會使用當季水果,所以材料會隨著季節而改變。3 利用鍋底來將烤過的胡桃粗略地弄碎。加進餅乾麵團中來增添香氣。

糕點與配料的甜蜜關係

　　由於我在「TRASPARENTE」中目黑店隔壁開了一間糕點專賣店「Atelier TRASPARENTE」，所以現在才將麵包和糕點分開來賣。不過，原本就兩種商品都有賣，其他店面也會同時販售麵包與糕點。

　　在製作糕點時，經常會採用與麵包相同的作法。例如，把番薯或果乾等加進蛋糕麵糊中，或是在餅乾麵團中大量使用堅果。在最後的潤飾步驟中，增添光澤與撒上糖粉原本就是糕點製作中常用的方法。

　　在麵包與糕點中，處理方式有很大差異的食材為水果。雖然麵包中也會使用新鮮水果，但主流還是加熱過的水果。另一方面，在糕點中，能發揮巨大作用的顯然是新鮮水果。尤其是新鮮蛋糕和甜塔，若沒有新鮮水果的話，就做不出來。

　　我們希望讓客人吃到很多當季的新鮮水果，而且比起麵包，大多比較適合做成新鮮蛋糕。實際上，以屬於海綿蛋糕的傑諾瓦士蛋糕來說，「TRASPARENTE」的商品帶有濕潤口感，直接吃就很好吃，我們會將其做成也適合搭配多汁水果的蛋糕體。相反地，由於我們會讓甜塔的底部麵團呈現酥脆的口感，所以在搭配新鮮水果時，能夠享受到口感的對比。

　　使用了大量水果的奶油蛋糕、直接發揮水果新鮮滋味的甜塔，都是經典的高人氣商品。使用新鮮水果時，要更加留意季節。夏天的展示櫃會自然地變得色彩繽紛，到了秋季與冬季，栗子和番薯等食材就會登場，展示櫃內會形成很溫馨的狀態。而且，只要客人開心的話，我們也會很開心。因此，我認為，在食材的運用方面，蛋糕和甜塔是非常重要的工具。

　　另一方面，在製作餅乾與磅蛋糕等烘烤類糕點時，大多會把堅果或果乾類加進麵糊中，而且使用頻率很高。如此一來，就能使味道產生明顯差異，增加很多變化。

Chapter 4

能夠享用麵包的
咖啡館空間

麵包店不只是買麵包的地方。

我希望「TRASPARENTE」也成為能享用麵包的空間。

之所以在每間店內都設置咖啡館空間就是這個原因。

除了可以品嚐店內販售的麵包與糕點以外，

還有使用大量蔬菜做成的湯品、

使用嚴選咖啡豆沖泡而成的咖啡等，

為了讓客人光喝咖啡也能感到滿足，

我們會用心去製作菜單上的每樣商品。

在郊外型店面，會更加重視咖啡館空間，而且也供應原創餐點。

有些店也會販售能讓麵包看起來更加美味的餐具等商品。

TRASPARENTE

想要咖啡館空間

位於中目黑的總店「TRASPARENTE」在2015年9月遷移到新地點重新開幕。雖然之前也同樣位於中目黑，但跟現在位置比起來，之前的位置距離車站有點遠。我認為麵包店的位置條件很重要。現在的場所位於中目黑銀座商店街，距離車站非常近，是求之不得的地點。當我得知有空店面時，就立刻決定租下來。

在打造新店面時，我有一件想做的事。那就是讓咖啡館空間變得更加充實。在以前的店鋪，雖然有是有，但空間只足以放一張兩人座長椅和桌子。由於座位設置在屋簷下，所以當天氣非常差時，許多客人就算想坐也沒辦法坐。有些客人買了麵包後，會想在店內慢慢品嚐。想要提供空間給那樣的客人是理所當然的。

現在的中目黑店的店鋪屬於縱深很長的結構，進門後，右側為販售區，左側為咖啡館空間，後面則擺放著三明治展示櫃和麵包陳列架，其對面則是廚房。店內的咖啡館空間有13個座位。由於有在入口處設置露臺座位，所以最多可容納約17人。雖然中午時段會客滿，但其餘時段則會有適度的空位。我認為，想讓客人慢慢品嚐麵包的話，這樣的空間應該剛剛好吧。

之所以想要咖啡館空間，當然是因為，希望客人能實際吃吃看「TRASPARENTE」的麵包，並希望有個用餐空間，同時也是希望麵包店能對社會做出更多貢獻。

至於這是什麼意思呢？答案為，比起只販售麵包的店面，有設置咖啡館空間的店面比較容易被客人運用在各種場合上，而且在日常生活中，會成為很方便的店鋪。舉例來說，高齡顧客在早上的散步途中，可以在店內休息，住在附近的顧客在出門前，可以先在店內買個麵包和咖啡來當作早餐，推著嬰兒車的顧客，可以在店內度過一天當中少數可以放鬆的時光。有助於增加麵包店的利用情境。店內有了咖啡館空間，就代表該店能夠成為許多顧客日常生活中的必要空間。

另外，從店鋪經營者的立場來看，若想要提供更高水準的服務、以咖啡為主的飲料和湯品等餐點，就必須磨練除了製作麵包以外的技術。為了讓店鋪經營得更加順利，銷售員也要提升技能，經驗與專業意識都是必要的。就結果來看，我認為這有助於提升銷售工作的專業度。

因此，義式濃縮咖啡機和咖啡豆會由很有眼光的員工來挑選，當客人點餐後，再開始磨咖啡豆，提供新鮮的咖啡。偶爾也會邀請專業咖啡師來舉辦研討會。

目的在於，避免忘記基礎知識與提升專業技能。在研討會中，由於與咖啡相關的員工都會參加，所以在共享知識與情報方面，也有很

大的意義。雖然每個員工的能力都不同，但不管是由誰沖泡，都能做出高水準的咖啡。

而且，在「TRASPARENTE」的咖啡館菜單中，湯品是不可或缺的。若是想搭配麵包，好好地用餐的話，義大利雜菜湯與濃湯等含有大量蔬菜的湯品會很適合。由於使用當季食材，所以菜單不會總是相同。也有客人會很期待偶爾變換的菜單。只要聽到客人對我們說「菜單換了對吧」、「真好吃」等，我們還是會很開心。

藉由擴大咖啡館空間，還實現了另外一件事。說到菜單的話，以前在製作帕尼尼三明治時，會事先烤好，和其他麵包擺在一起。現在則將其當成咖啡館的餐點來供應。帕尼尼三明治是義式餐飲店中很常見的三明治。由於經典吃法為做成土司，所以我認為還是要供應現烤三明治才對。購買設備後，由於會等到客人點餐後再開始烤，所以隨時都能供應現烤三明治。這種做法有助於提升有附設咖啡館空間的店面的滿意度。

在製作甜點菜單當中的法式烤布蕾時，也是會等到客人點餐後，再進行最後的「表面焦糖化」步驟。將布丁表面烤成酥脆的焦糖狀時，法式烤布蕾會變得有點熱，且很有臨場感，這也是在店內用餐才能感受到的樂趣。

說到甜點類商品的話，2018年2月我在「TRASPARENTE」的隔壁開了一間糕點專賣店「Atelier TRASPARENTE」，隨著這一間店的出現，之前擺放在「TRASPARENTE」店內的大部分糕點類的商品，現在都已經改成在「Atelier TRASPARENTE」中販售。客人也可以在「TRASPARENTE」的咖啡館空間內品嚐「Atelier TRASPARENTE」的商品。在該空間內，不僅可以用餐、稍作休息，也能夠吃甜點。

我在全部的店面內都設置了咖啡館空間。學藝大學店、都立大學店、飯田橋的「Panis da Vinci」都設置好了，在郊外型店鋪內，則會擴大咖啡館空間，其中也有推出了獨家餐點的店面。在某些店內，還準備了酒類菜單，能讓客人在店內把麵包當作下酒菜，爽快地喝酒。另外，即使是同樣的餐點，由於使用的蔬菜不同，所以吃起來也會不一樣。麵包也是一樣，只要製作者不同，商品的樣貌就會改變。就結果來看，這有助於呈現出各店的特色。

另外，也不能忘了麵包的供應方式。只要是有在販售的麵包，不管是三明治、佛卡夏麵包，還是甜麵包，客人想買什麼來吃都沒問題。此時，店員會先將麵包切成方便食用的大小後，再端給客人。若是熟食類麵包的話，也會先加熱再端給客人。要說是小事的話，的確是小事，但在忙碌時，要說費工的話，的確是費工。不是直接將客人購買的商品拿給客人，而是稍微多下一點工夫，讓餐點形成方便食用的狀態後，再端給客人。若自己是客人的話，應該會很高興吧。只要這樣想，就會覺得，對客人來說，這果然也是件令人開心的事對吧。

1 常作為午餐來販售的是麵包
與湯品的套餐。當天的湯品是
使用毛豆和菠菜煮成的濃湯。
2 帕尼尼三明治是從 2018 年
春季開始出現的餐點。可以吃
到剛烤好的熱騰騰三明治，評
價很好。3 拿鐵咖啡的潤飾工
作也做得很好。有的員工很擅
長咖啡拉花。

1 兒童取向的果汁類會減少份量，並裝在可愛的杯子中。2 咖啡的新鮮度很重要。等到客人點餐後再磨咖啡豆，沖泡成咖啡。3 在法式烤布蕾部分，會等到客人點餐後，再將表面烤成焦糖狀。4 客人點完咖啡館的餐點後，店員會將收據依序排好，一邊再次確認內容，一邊準備餐點。

山形産洋なしのタルト
￥469
(税込価格￥507)
小麦 乳 卵

ベイクドチーズケーキ
しっとり濃度なチーズケーキ
ひとりぶんサイズ
￥294
(税込価格￥317)
小麦 乳 卵

クリームチーズと
レモンのタルト
￥358
(税込価格￥386)
小麦 乳 卵

パンナ エ フラーゴラ
PANNA E FRAGOLA
季節のフルーツを使った
ショートケーキ
￥432

5 在製作咖啡時，會使用義式濃縮咖啡機，一杯一杯地仔細沖泡。6 使用門外的黑板招牌來介紹咖啡館的餐點。加上當天的訊息。7 隔壁的「Atelier TRASPARENTE」所販售的蛋糕類也能在咖啡館內品嚐。8 也能吃到三明治類。只要附上湯品，就是很棒的一餐。

Sesto（立川店）

立川店在 2016 年 3 月開幕，店名為「Sesto」。該店開在東京西部 JR 中央線立川車站的商業設置「GRANDUO」內。由於面積達 40 坪，約為中目黑店的 1.5 倍，所以店內不僅販售麵包，還設置了咖啡館與周邊商品販售區。該店的概念為，客人實際在入口買了麵包後，就能當場在店內品嚐，欣賞放著麵包的餐桌。因此，店內所販售的周邊商品主要為飲食相關用品，像是餐具、廚房用品等。

咖啡館內有 36 個座位。由於位在車站大樓內，所以有許多在回家路上隨意走進來的顧客，也有不少獨自來店的客人。客群的年齡層很廣，從年輕人到老年人都有。為了不讓顧客之間有所顧慮，所以餐桌基本上採用兩人座，若人數較多的話，也可以把餐桌

併起來使用。

雖然菜單本身和中目黑店一樣，但在食材部分，尤其是蔬菜，會使用當季的立川蔬菜。雖然每種食材都是如此，但蔬菜的新鮮度特別重要。使用嬌嫩到令人驚訝的蔬菜煮成的湯品評價很好。

大概是因為「Sesto」位於東京郊外，所以有些人不認識較冷門的麵包。另外，由於某些商品很難透過名稱來想像出是什麼樣的麵包，所以會為商品加上簡單的說明，讓客人了解該商品是什麼樣的麵包。這樣做有助於卸下顧客的心防，讓客人比較願意購買麵包，並嘗試在咖啡館內用餐。

在咖啡館的餐點部分，也會採用同樣方式。在菜單中加入簡單的說明，讓客人觀看當日湯品的樣品，把咖啡館的點餐流程寫在黑板招牌上，讓顧客能夠順利點餐。

使用的餐具是由擁有出色審美觀的員工來挑選。由於店內也有販售，所以顧客也能購買。把餐巾紙和濕紙巾做成很有質感的顏色，在一些客人不會注意到的小地方，也看得到店家的用心。若能透過麵包來讓客人感受到品嚐美食的樂趣的話，會令人感到很開心。

1 使用大量立川蔬菜煮成的義大利雜菜湯。當天使用了很多種食材，包含洋蔥、胡蘿蔔、高麗菜、馬鈴薯、青蔥、杏鮑菇、大豆。2 在店外的黑板招牌上寫字時，要使用簡單易懂的詞彙。重點在於，要吸引顧客注意。3「Sesto」也有賣帕尼尼三明治。寫上簡單易懂的說明。4 當客人點餐後，再仔細地沖泡每一杯咖啡。5 麵包前面都會一一放上店長開心地寫下的說明。6 朝向店內時，右側就是咖啡館空間。也有許多獨自來店的客人。7 也有販售咖啡館內使用的餐具。8 也可以將店內販售的麵包帶到咖啡館內品嚐。

Quinto（鵠沼海岸店）

這間店在 2018 年 5 月開幕，地點位於神奈川縣的湘南區，從小田急江之島縣的鵠沼海岸站走過來大約只要 3 分鐘路程。「TRASPARENTE」的其他店面都位於住宅區或商業設施內，相較之下，本店雖然位於住宅區，但卻帶有海濱度假勝地的風格。走路 5 分鐘就能抵達熱鬧的鵠沼海岸，該處有很多衝浪者和海水浴場遊客，充滿了與市中心不同的悠閒感和開朗的氣氛。

也就是說，客群完全不同。由於有很多想要慢慢用餐的人，所以在店內用餐時，不僅可以品嚐該店販售的麵包，還有種類齊全的原創餐點可供選擇。店內也設置了披薩窯，披薩種類有 4 種，像是放上了魩仔魚和大量湘南蔬菜的披薩等，而且也可以外帶。為了想要盡情填飽肚子的顧客，店內也準備了漢堡。披薩使用法式長棍麵團來製作，小圓麵包（Buns）則使用龐多米麵團。就算不去強調麵包，還是能夠組成麵包菜單。帕尼尼三明治也準備了 5 種，而且都設定在 1000 日圓有找的價格範圍。

此店也同樣想使用當地的食材。以用於披薩配料的魩仔魚為首，蔬菜也是當地的產品。使用蔬菜努力製作而成的沙拉很有份量，已經顛覆了關於沙拉的常識。這道沙拉適合多人一起分享。由於披薩與漢堡果然很適合搭配啤酒，所以也將啤酒加進飲料菜單中。使用啤酒機來將 HEARTLAND 生啤酒注入杯中，供應給客人。

使用鑄鐵平底鍋來將法式長棍麵包做成法式土司，並附上冰淇淋，使其成為招牌甜點。另外，由於從早上 7 點半就開始營業，所以本店也準備了早餐菜單。

這間店利用了這棟新蓋建築 1 樓的所有空間，並面向道路設置了一片很大的玻璃牆。在店內，靠近車站這邊的是咖啡館空間，靠近海岸這邊的則是麵包區，兩邊都有各自的入口。店外還擺放了長椅，在晴朗的日子，很推薦悠閒地坐在此處，感受滿滿的開放感。

1 原創餐點的種類很豐富，有披薩、漢堡、沙拉等。每道餐點都份量十足。2 漢堡肉排的重量為 160g。會事先稍微加熱。3 透過專用披薩窯來烤出酥脆的披薩。也可以外帶。4 特製的法式土司。帶有高度的外觀令人印象深刻。5 把啤酒注入事先冰涼的玻璃杯中。6 咖啡館空間與麵包區之間是用來製作料理的廚房。雖然是麵包師，但卻不是站在廚房裡面，而是變成要一邊烹調，一邊直接接待客人。7 考慮到有人會帶著愛犬一起來，所以店外的長椅上也設置了狗牽繩。8 麵包架下方的展示櫃中有蛋糕和甜塔，也可以在店內吃。

用來點綴擺放著麵包的餐桌的物品

販售餐具與果醬的意義

「TRASPARENTE」店內所販售的商品不僅限於麵包。為了讓麵包吃起來更加美味，所以店內也會販售能讓人感受到餐桌樂趣的物品。

在中目黑的總店內，販售的商品以果醬和紅茶為首，另外還有仿照麵包造型的杯墊等。我們的做法為，每天都去參加展覽會等活動，若有看到覺得很棒的商品，就會擺在店內。

有間店不僅有麵包和咖啡館，還會將與麵包相關的日常用品當成一項概念。該店就是立川的「Sesto」。在構造上，走進店內後，左側為麵包區，右側則是縱深很長的咖啡館空間。該店利用麵包區內用來擺放麵包的平台的中央，以及左前側的架子來陳列、販售「物品」。

該店販售的物品除了蜂蜜等食品以外，還有餐具和廚房用具。餐具是「MARUMITSU POTERIE」公司的產品。有點厚實的形狀、溫和的觸感、帶有細微差異的色調、加入了玩心的設計，會讓人的心情變得平穩。另外，店內也有販售，具有 100 年以上歷史的英國陶器公司「MASON CASH」的商品。帶有安穩感的厚實調理盆是該公司的經典商品。負責挑選這類商品的是，審美能力公認很好的員工。

在咖啡館內也會使用「MARUMITSU POTERIE」的餐具。目的並不是要徹底地打造出奢華的特殊風格，而是要呈現出，會出現在日常生活的延長線上，且讓人覺得「好像挺不錯」的風格。我們希望透過像這樣地實際使用，以及販售物品，來讓麵包，以及有麵包的生活，變得多采多姿。

1 走進「Sesto」店內後，可以在左側的架子上看到物品販售區。架上陳列著很有品味的餐具與廚房用具、食品。2 「Sesto」的麵包區中央有個平台，上面擺放著和麵包一樣都是要出售的盤子。3 也有販售和土司麵包類很搭的果醬類商品。4 也能依照顧客需求來製作禮盒。

Chapter 5

為了讓麵包店
持續受到人們喜愛

2008 年 5 月在東京・中目黑開幕的小麵包店，
經過約 10 年後，遷移到新地點重新開幕，
總店數增加為 8 間（也成為了股份有限公司），
希望能夠成為貼近當地民眾的的麵包店，
想要做出能帶給顧客歡笑的麵包，
希望能讓每位員工在適合的職位上發揮能力，
我希望以麵包師為志願的人也能增加。
我的目標為，將麵包店打造成一個充滿夢想的場所，
讓身邊所有人都能獲得幸福。

TRASPARENTE

掌握顧客所追求的事物

**正因為是平常吃的麵包，
所以要採用能讓顧客
每天都願意買的價格與尺寸**

說到「TRASPARENTE」常客常買的麵包的話，土司麵包會佔絕對多數。由於土司麵包是平常吃的麵包，所以我們的目標為，做出每天吃也不會膩的麵包。這種麵包帶有輕微的麵粉甜味與適度的Q彈口感，個性也不會過於強烈（若每天吃個性過於強烈的麵包的話，會很累），而且放了一段時間後，還是很好吃。

正因為是平常要吃的麵包，所以我決定將價格設定在就算每天買也不會造成負擔的範圍內。店面剛開幕時，我曾經去調查鄰近地區的麵包價格，尤其是平常會吃的正餐麵包。然後，我決定用該區域最便宜的價格來販售麵包。話雖如此，我也不會做出偷工減料那種事。那是欺騙顧客的行為。由於土司麵包等商品只會用日本產麵粉來製作，所以只要考慮到成本的話，利潤率也許不佳。不過，降低售價後，相對地就會有很多人來買，能夠確實地獲得適當的利潤。這就是我的想法。

關於平常吃的麵包，由於每個人的喜好不同，所以店內會準備以基本的方形土司麵包為首的各種商品，像是山型土司、葡萄乾土司、胡桃土司等。在烘烤作為基礎的龐多米麵團時，會透過「是否要蓋上蓋子」、「混入果乾或堅果」來發展出許多種類。

在現在的「TRASPARENTE」店內，會將高度伸手可及的架子裝設在收銀櫃檯的後方，並將該架子當成土司麵包的專用架。烤好的土司麵包會放在此處，並會依照客人的要求來切成想要的厚度。可以說是採用了半訂製的方式。

事先將土司麵包裝袋，放在架上的話，也許會比較輕鬆。不過，客人在購買土司麵包時，會和店員說上一兩句話。雖然只是一件小事，但這是只有在貼近當地民眾的店鋪內，才會出現的交流方式。我們也會透過這種對話來互相記住彼此的面孔。也會記得客人買了什麼商品。也有不少常客會用「跟平常一樣」這句話來點餐。說句「跟平常一樣」，對方就會懂，這也代表顧客很信賴店員。我會真的覺得很開心。

備齊小尺寸的麵包

在中目黑這個地區，有很多的年輕家庭、退休夫婦、獨居者。也就是說，由於家庭成員人數不多，所以不需要一次購買很多麵包。因此，店內也有販售半斤的土司麵包。

在製作其他麵包時，也會考慮到尺寸。製作鄉村麵包等麵包時，會先烤出完整的大尺寸，然後再切成一半、小塊、薄片來賣。法式長棍麵包則會做成比一般尺寸小一號。店內也會特別準備100日圓也買得起的小麵包。這是因為，雖然有的人看到喜歡的小麵包後，會順便買回去吃，但我想將其打造成，人數少的家庭也比較願意購買，而且方便食用的商品。

另外，這一點也許會令人感到意外，但在中目黑店附近，分布著一些保育所和幼稚園，而且有很多年輕家庭。也有不少小孩會來買點心，或是幫家裡跑腿。事先為了這些小孩們準備用零用錢就買得起的小麵包，是很重要的。

在內用部分，我的想法也是一樣。店

內不能有台階，而且也要考慮到餐桌的配置方式，並採用「嬰兒車也能輕易進入店內」的設計。為了年紀較小的兒童，也要準備份量較少的飲料。也要在兒童菜單中準備好標準尺寸菜單中沒有的牛奶，並讓客人可以選擇冰牛奶或熱牛奶。兒童也是重要的客人。我認為可以透過這種方式來表達店家的歡迎之情。

採用開放式廚房的理由

　　店內員工基本上會分成製作人員和銷售、服務人員。這裡之所以會說「基本上」，是因為依照情況，製作人員也要支援銷售工作，也有反過來的情況。雖然，

從現實角度來看，要原本擔任銷售工作的員工去幫忙做麵包是很困難的，但還是可以幫忙能力所及之事，像是製作三明治、裝飾丹麥麵包。

　　在麵包店內，大多會將製作人員和銷售、服務人員分得很清楚。這一點會透過「在物理上，廚房被門隔絕在另外一側」這種形式來表現出來。我則認為，製作人員才更應該參與銷售、服務工作。銷售、服務工作也就是要直接面對客人。

　　若自己製作的商品在自己眼前賣出的話，應該會感到特別高興。藉由回答客人的問題，「想要為了客人而製作麵包」的想法就會變得更加強烈。有時候也許會被客人責罵。不過，那也是寶貴的意見。那

會成為一個「讓自己認真地去面對自己製作的麵包」的重要契機。

　　就算沒有實際接觸客人，觀察客人的行為也很重要。「TRASPARENTE」的每間店都採用開放式廚房。正確來說，使用「開放式廚房」這個詞並不洽當，因為廚房和銷售區有被好好地分開。這是因為，不能讓銷售處充滿飛揚的麵粉，為了製作出品質穩定的麵包，廚房內最好要盡量保持固定的溫度與濕度。因此，會使用玻璃窗來區隔廚房與銷售處，讓人從廚房內就能眺望銷售處。

　　麵包烤好後，製作人員就會將麵包拿過來，由銷售、服務人員將麵包拿到銷售處上架。在中午時段，大家會忙得不可開交。銷售、服務人員主要負責收銀和販售飲料，製作人員則要將麵包上架，透過團隊合作的方式來迎接客人。

　　關在廚房內製作麵包可以說是紙上談兵。正因為能夠從廚房內眺望銷售處，所以才能一邊經常地觀察情況，一邊決定要追加烘烤多少麵包。有些麵包賣得好，有些賣不好。原因是什麼？季節、天氣、附近的活動，還是麵包本身的問題、人們的口味變了？而且，透過實際去感受，就能知道客人在追求什麼。畢竟製作麵包的目的顯然就是為了讓客人開心。

Instagram 既是發布訊息的場所，也是交流場所

　　「TRASPARENTE」從 2008 年開幕以來，已經過了 10 年以上。說到這段期間最大的變化的話，那就是網際網路的崛起。以往用來接收訊息的工具，現在已經變化成任何人都能輕鬆地發布訊息與進行交流。剛開幕時，「TRASPARENTE」在網路上發布的訊息只有記載了基本店鋪資料的官網，在現在的官網內，包含最新消息在內，顧客能夠一次了解到店面與商品的資訊。

　　而且，若說官網是一根大樹幹的話，那社群網站就會成為枝葉的部分。在2010 年代前半，雖然還是以部落格為主軸，但是到了 2010 年代後半，則變成以Instagram 為主。Instagram 的影響力非常大，已變成進行麵包店巡禮等活動的客人的必要工具。

　　在這個時代，資訊傳遞方式持續不斷地變得多樣化。努力地製作出美味麵包當然不用說，能夠傳遞此事的能力也變得更加有必要。與銷售、服務工作一樣，我們也必須去磨練「拍出迷人照片的技術」、「能寫出迷人文章的文筆」。

透過社群網站來傳達氣氛

　　在宣傳店面時，商品和店內格局當然不用說，我則認為，首先要從店長著手。店長是店鋪的領導者，店長的人品與其培育出來的團隊的工作情況、特色等，能夠呈現出該店的氣氛。而且，我認為社群網

站的優點在於，不僅能介紹商品，還能傳達店內的這種氣氛。

　　本店也有負責經營社群網站的員工，而且在有觀看社群網站習慣的顧客群當中相當受到歡迎，在店內，經常看到有人會跟這名員工打招呼。實際上，在「Atelier TRASPARENTE」開幕的當天，來了很多有追蹤本店 IG 帳號的客人，大家聊得很起勁，我們收到很多真的令人很開心的話語。由於事前沒有預料到，所以至今我的印象仍非常深刻。

　　店鋪的營業額指的並非是售出商品後獲得的報酬，而是類似顧客支持率的東西。能夠在店面以外的地方與顧客進行交流，讓我感到非常慶幸。另外，透過社群網站，能夠提升本店在遠方顧客中的知名度，這一點與擴展商圈有直接關聯。

所謂的打造店面

之所以打造
多家不同型態店鋪的理由

至 2018 年 9 月，「TRASPARENTE」的店鋪數量達到 8 間。分別是中目黑的總店、學藝大學店、都立大學店、位於飯田橋辦公大樓內的「Panis da Vinci」、位於東京郊外且有販售日用品的立川店「Sesto」、更加重視咖啡館的湘南・鵠沼海岸店「Quinto」、糕點專賣店「Atelier TRASPARENTE」，以及在本書出版前才剛開幕的靜岡・磐田店「TRASPARENTE La Luce」。

要增加店鋪的數量，還是穩定地經營一家店鋪，想法因人而異。我的想法為，想要打造出適合各個區域的店鋪。我一點都不考慮「打造一個類似工廠的場所，把該處生產的商品拿到各店鋪中販售」這種做法。我希望各店鋪都有各自的廚房，能製作出適合各區域的商品。各家店鋪不必都販售相同商品。地區不同、客群不同，也就是說，客人想要的商品也不同。為了製作出符合各地區需求的商品，所以各店鋪必須要有各自的廚房才能應付此問題。

我既是一位麵包師，同時也是麵包店的經營者。如此一來，就必須採取未雨綢繆的對策。就算做出了很棒的商品，受到了優質顧客的眷顧，店鋪還是很脆弱的。舉例來說，附近新開了一家麵包店。如此一來，客人就會因為好奇而去光顧該店。依照情況，新開的麵包店也可能會比較合顧客們的胃口。要說為什麼的話，因為這不是食物好壞的問題，而是喜好的問題。

若客人暫時離去的話，每天的營業額就會減少 5%。如果只是一、兩天份的話，也許還能挽回。不過，如果這種情況持續了好幾個月的話，累積下來的數字就會很龐大。經營店鋪要面臨各種風險，有時候光靠自己這邊的努力，是無法挽救的。在這種情況下，若有其他店鋪，而且那些店鋪的營業額很理想的話，在整體上就能維持平衡。營業額很穩定代表的是，能夠確實地付給員工薪水。我在拓展多間店鋪時，也都會帶著這種想法。

對於店鋪來說，
最重要的就是位置條件

　　也許有人會覺得這樣的說法過於露骨。不過，這是不折不扣的事實。我認為，若要像「TRASPARENTE」這樣，把麵包店打造成貼近當地民眾的店鋪的話，「距離車站很近」這一點很重要。具體來說，從最近的車站走過來，最好只要三分鐘以內。如果是郊外和開車族群較多的鄉下地區的話，想法就會不一樣。若像東京都內那樣，基本上還是要搭電車的話，「距離車站很近」這一點是必要條件。

　　會這樣說是因為，麵包是民眾平常會吃的食物。實際上，在顧客當中，有許多人每天都會光顧。當然，有的人是因為離家近，也有許多人會在上班或出門的回家途中順路過來買。

　　而且，車站附近的人流較多的地方，也容易成為讓人想要過去看看的場所。店鋪前的往來行人變多，也就表示，順路走進店內的人很有可能會變多。歸功於這一點，「TRASPARENTE」有很多常客，不過也並非都是那樣的客人，也有不少專程前來光顧的人。「稍微進去看看吧」當內心這樣想時，如果需要從車站徒步約 20 分鐘的話，就會很難提起幹勁來，這就是人類的心理。因此，距離車站很近是一項非常重要的因素。這不僅是為了客人，對於搭電車上下班的工作人員來說，交通便利性很重要。感到疲倦時，走路 10 分鐘和走路 3 分鐘的激勵作用是不同的。正因為是每天都要去的地方，所以近一點會比較好。

　　當初，中目黑店位於比現在稍微遠一點的地方，從中目黑車站要步行 5 ～ 6 分鐘。2015 年 9 月遷移到從車站只要走路 3 分鐘的地點後，營業額增加為 1.6 倍。這和「遷移後，廚房變得比以前更加寬敞，可以製作出更多商品」這一點也有關。不過，若失去地點優勢的話，營業額應該不會有那麼大的成長吧。

　　而且，並非只要距離車站很近就行。是否有符合人潮的動向也很重要。希望大家試著回想看看。是否有看過「明明位在車站旁，但卻很冷清的場所」呢？是否有見過「只隔一條路，人潮量就完全不同」這種情況呢？在拓展新店鋪時，我也會實際到現場勘查這類情況。

有年紀小的兒童
也有年長者

　　說到位置條件的話，還有一項要素也是我很重視的。那就是該區域的特徵。想在這附近成為什麼樣的店，我的想法會隨著這一點而改變。即使同樣都是麵包店，若想將麵包賣給上班族當作午餐的話，開在商業區應該會比較好吧，若想要販售特殊奢華風格麵包給願意偶爾奢侈一下的客人的話，也可以開在有很多高級時尚品牌專賣店的購物商圈。

　　以「TRASPARENTE」的情況來說，本店是融入客人日常生活中的店鋪。也就是說，客人是住在當地的人。因此，最好開在住宅較多的場所。不過，若完全是住宅區的話，就會比較難判斷。如果希望有新客人光顧的話，由於麵包是很常見的食物，所以有足夠的機會讓顧客順路光顧。如此一來，由於車站附近很熱鬧，有小型的商業區和商圈，（而且稍微走一段路就會到達住宅區）所以也容易吸引非當地的

顧客。我之所以在東急東橫線沿線開了中目黑店、學藝大學店、都立大學店這幾家店，就是因為這些區域屬於這種地點。

而且，居民類型也是很重要的因素。我想要拓展的客群是家中有小孩的家庭與老年人。因為我認為，若家中有較小的孩童、嬰兒的話，家長推著嬰兒車散步的途中，應該會光顧本店吧，若家中有就讀幼稚園或保育所的兒童，在接孩子回家途中，也可能會順路光顧本店吧。另外，在老年人部分，若家中只有獨自一人或夫婦兩人的話，有些人應該會覺得自己食量變小、自己做飯很累吧，購買麵包或現成熟食的機會應該會增加吧。我想要販售這類顧客會喜歡的麵包。

因此，在拓展店面時，我也會到該區域走走，視察情況。我們當然也會調查「該地區車站的上下車乘客人數、家庭成員組成、該地區有什麼樣的店」這些資料，但我同時也會在平日與假日的早上、中午、晚上時段到當地視察居民類型，親眼看看什麼樣的人會經過我正在考慮的展店地點前方。為了找到符合我心中條件的店面，在拓展一間店時，有時甚至要考慮約 300 個店面。

透過巧思來營造出舒適感

在展店時，大家似乎會在周遭環境中尋求舒適度，像是最好在綠地遼闊的公園前，或是河川等水邊。不過，若是距離車站很遠，無法吸引自己鎖定的客群的話，就會賠了夫人又折兵。我建議想要展店的人，在位置條件方面，要仔細地思考。

雖然「TRASPARENTE」將店鋪設置在距離車站非常近的場所，但還是會透過那樣的位置條件來追求能夠達到的舒適度。在店面裝潢部分，會使用木材來呈現自然的氣氛，入口會擺放盆栽，並設置露臺，雖說店鋪面向大馬路，但採用了「要往內走幾步才會到達入口」的設計。也許有人會覺得這是小事，但藉由讓入口往後移，與馬路產生一點距離，就能減緩喧囂的氣氛，營造出柔和的氛圍。透過一些巧思，就能呈現出「TRASPARENTE」的風格。

和全體員工一起工作

現在也會站在廚房內做麵包

我現在的頭銜是「TRASPARENTE
股份有限公司」的代表取締役（代表董
事），也就是總裁。這種頭銜讓我總覺得
有點難為情。總覺得好像非常了不起
（笑）。

店鋪增加後，事務工作的確增加了，
不過我一週還是會有 4 天站在廚房內。這
一點和我很喜歡做麵包也有關係。由於
「TRASPARENTE」店內採用類似開放式
廚房的設計，所以令我開心的是，能夠直
接和客人交流。在許多小事的累積下，我
們想要做的商品也可能會偏離客人追求的
東西。正因為我們製作的是平常吃的食
物，所以工作現場很重要。

在廚房內，基本上採用 3 人編制。透
過麵團負責人、將麵包整型的人、負責烤
麵包的人來製作麵包。雖然這個人主要負
責這項工作，但並非是完全責任制。在製
作每樣商品時，也不會由某個人來獨自負
責所有步驟。我們的工作是透過團隊合作
來進行的。

在某種程度上變得能夠製作中理想中
的麵包後，就會覺得「這樣還不夠好嗎」，
容易變得想要去鑽研自己的技術。我也曾
經歷過那樣的時期。像是「若由我來做的
話，就能做出那麼漂亮的形狀喔」、「也
能做出這種美麗的裝飾喔」。再更進一步
的話，就會形成「不會讓其他人碰麵團」
這種心情。那種人做出來的麵包的確很
棒。不過，若是優先考慮「由我來由我來」
的話，廚房內就會產生殺氣騰騰的僵硬氣
氛。

氣氛是會傳遞的。應該沒有人會想去
一間充滿了緊張氣氛的店鋪吧。就算能夠
做出等級高到可說是完美的麵包，但那真
的是顧客想要的商品嗎？我並不那麼認
為。要時常將完美等級的麵包排成一列，
是一件比想像中還要困難的事。不過，即
使如此我還是認為，既然是商品的話，就
要將「做出好商品」這一點作為前提，而
且無論由誰負責，都能做出相同等級的商
品，這樣才有意義。

總是能做出品質穩定的麵包。對於顧
客來說，這點也有助於讓顧客產生「這是
平常吃的麵包的老味道」這種安心感。不
過，我們不會只滿足於做出某種等級的麵
包，而是要每天各自持續地磨練技術，做
出更好的麵包。作為一個團隊，我認為麵
包店的工作就是這麼一回事。

不會出現
「只要做到這種程度即可」

雖然我的頭銜是代表董事，但正如進
入廚房做麵包至今仍是我平常的工作，我
不會明確地劃分工作範疇，交由某個人負
責。為了讓讀者們容易了解，就舉一個離
我們最近的例子吧。在製作本書時，負責
擔任溝通窗口，與各店鋪聯絡，和書籍製
作網站互相溝通的是立川店「Sesto」的
店長。由於她在每間店都工作過，所以能
夠掌握各店的情況。再加上，由於我知道
她喜歡書，也愛看書，所以我就開始拜託
她「那麼，妳去體驗看看書籍製作的工作
現場吧」。她欣然允諾，後來本書之所以
能以這種方式問世，她幫了很大的忙。我
非常感謝她。

除了平常的店長工作以外，還要負責
書籍製作的部份工作，我認為負擔是很大
的。若是一般公司的話，會有宣傳部門，

這種工作應該會由該部門的人負責吧。事實上，在「TRASPARENTE」的辦公室內，也有負責宣傳工作的員工。不過，關於這項工作，我認為立川店「Sesto」的店長是最適合的。當她前往書籍製作現場而離開店鋪時，剩下的員工會努力完成工作。不會出現「只有她的工作量增加」這種情況，大家會共同分擔，順利地完成工作。

這種工作方式也許可以說是建立在人性本善的基礎上。當某個人很辛苦時，就爽快地伸出援手，這種事確實不是任何人都做得到。「如果是為了那個人的話，就願意幫忙。」雖然要讓大家願意幫忙的話，當事人的人品也很重要，但重點還是在於，該團隊是否能夠隨機應變。而且，我認為持續地培養出那樣的團隊，也是我的工作之一。

好好休息，好好工作

「TRASPARENTE」開幕的第一年，說好聽一點，是很拚命，說得難聽一點，就是手忙腳亂。要做的麵包種類沒有定下來，店內亂七八糟。雖然有著「想要打造成這種店」、「想要擺放這種商品」這樣的理想，儘管如此，卻不知道那是否符合客人想要的。要做的事情堆積如山，這並不是誇大，我真的連續好幾天沒時間睡覺。不僅店面如此，我自己的情況也不穩定。

透過這種經驗，我了解到要如何做才能有效率且愉快地工作。因為我自己很辛苦，所以當然不希望員工們也那樣。我希望能盡量讓員工們在友善的工作環境下發揮他們的能力。

如果無法抱持從容心情的話，人際關係無論如何都會變得很緊張。只要是在團隊中工作，我就想要盡量消除這類要素。我認為，導致心情慌亂的原因之一和「沒有工作之外的私人時間」這一點也有關。我希望休息的時候就要好好地休息，而工作的時候則要專心。因此，我決定讓「TRASPARENTE」的員工一年可以休110天假。雖然位於商業設施內的店鋪很

難做到，但若是街邊店的話，就會將每週二訂為公休日。由於只要店鋪本身休息的話，員工必然會比較容易取得休假，所以這樣做也是為了徹底落實週休2日。在夏季、冬季，員工們也確實地實際取得了連續休假。

一般來說，在麵包店工作需要早起和體力。不過，專注力無法長時間維持。為了避免「從早班就開始工作的員工就那樣拖拖拉拉地工作到關店」這種情況發生，所以也會配置從傍晚開始進行整理工作與備料工作的員工。順利地交接工作，讓早班員工能夠下班。建立這種輪班機制也很重要。

人類經過充分休息後，內心就會感到從容。如此一來，由於能夠眺望四周情況，所以會變得能夠體恤同伴。洋溢著互助氣氛的職場也有助於讓人愉快地工作。人們會被看似很愉快的場所吸引住。而且，這種氣氛轉來轉去後，也有助於吸引顧客。

雖然不是吃同一鍋飯的關係

據說，由於人們對於餐飲業的印象就是「上班的時間不固定、週末不能休假、工時長、需要體力」，所以一般情形來說，餐飲業時常找不到人才。不過，幸運的是，「TRASPARENTE」每年都能錄取應屆畢業生。由於工讀生大多為大學生，所以在畢業的同時就會離職，但在公司員工部分，職辭的人很少。這一點很值得慶幸。

在這種情況下，「TRASPARENTE」從開幕時就一直有提供員工餐。雖然因為方便起見而稱作「員工餐」，但嚴格地說，那是福利措施之一的午餐補貼制度。總之，此制度的意思是，午餐會由店鋪這邊負責喔。

由於剛開幕時，員工的工時很長，處於相當辛苦的狀態，所以我想說，至少在吃飯時讓他們能夠好好地吃頓飯，便開始供應員工餐。在時間較充裕的現在，員工們也可以自由地去用餐，不過比起在有限的時間內迅速解決一餐，我認為讓員工們盡情地吃營養均衡的餐點會比較好。

我目前在「TRASPARENTE」中目黑店附近租了事務所，該處有休息室。員工們可以輪流在休息室內吃午餐。菜色會每天更換。有咖哩和沙拉，有時也會煮豌豆飯和豬肉味噌湯。偶爾也會將大披薩放到烤盤上烤來吃。若有其他想吃的東西，也可以帶過來。

當初，員工餐一直是由我來準備，現在的話，其他員工有時候也會幫忙做。製作員工餐是件很開心的事。我很高興能讓大家笑著吃飯。這也許是件簡單的事，但看到被吃得精光的鍋子和盤子，聽到大家說「多謝款待」後，我覺得這是任何事物都代替不了的。對於製作食物的人來說，員工餐中蘊藏著可以說是初衷的喜悅。

身為大家的領導者

適才適所

由 5 個人創立的「TRASPARENTE」在 2010 年出版 TRASPARENTE 的麵包作法時，包含工讀生在內，員工人數達到 11 人。2015 年 9 月遷移到新地點重新開幕，店鋪空間也變得寬敞。截至 2018 年 9 月，店面由 15 個員工來經營。所有店鋪加起來的話，員工人數為 93 人。公司員工和工讀生約各佔一半。

在「TRASPARENTE」店內，我不會採取「員工要忠實地執行我所決定的事項」這種做法。我會交由各店的店長來酌情處理。在商品方面，經典款商品會使用與中目黑店總店相同的食譜來製作，但我認為不必連細節都完全一樣。不同人做出來的東西會不一樣，這是當然的，最重要的是，由於客人也不同，所以我想要以「做出貼近客人的商品」為優先。

各店也有原創商品。大概佔整體的 2 成左右吧。舉例來說，學藝大學店有賣貝果和田園風麵包，烘烤類糕點的種類也很豐富。雖然我會到每間店去看看，但不會看得那麼仔細。我認為，若客人有需求的話，店家只需如實地將其反映在商品上即可。

在從開幕時就和我一起工作的員工當中，有個人目前是學藝大學店的店長。除了店長以外，我還拜託她擔任「TRASPARENTE」的總監這項職務。她的審美感很棒。不會令人感到擁擠，稍微帶有開放感，而且很自然，儘管如此，卻能讓人覺得很優雅的風格，就是她的

拿手好戲。我也請她幫我設計制服，挑選裝飾小物。

麵包店不只是賣麵包的場所。我希望客人來到店內，能感受到與家中不同的舒適感。在用來打造舒適感的要素當中，軟體部分就是服務，在硬體部分，小物與制服的選擇會很重要。

也就是說，適才適所。那就是負責率領大家的我的工作。

想要培養那個人的能力

在「TRASPARENTE」的員工當中，有很多都是應屆畢業生。我每週都會到涉谷的專門學校授課一次，並請以該校為主的 4 所學校宣傳本店的招募訊息。我說了「本店幾乎沒有錄取有工作經驗者」這件事後，大家都驚訝地說「你們不想要即戰力嗎」。

技術當然很重要。工作的速度和正確性也很重要。不過，我更加重視的是，那個人是否適合「TRASPARENTE」。不管是在廚房內做麵包，還是每天的店鋪經營工作，都要靠團隊合作才能達成。因此，我會選擇適合本店的人，以及能在團隊當

中與他人合作無間的人。

關於技術方面，我認為藉由天天站在廚房內就能掌握。學習速度會因人而異。有的人學得很快，但不夠細心，有的人學得雖慢，但卻很可靠。等待也是我們的工作。想要將工作做得又好又快，是需要時間的。我想要一邊時而溫柔對待，時而嚴厲地教導他們，一邊關注他們的成長。

發掘員工的才能也是我的工作

另外，雖然某個員工是應徵麵包製作工作才進入公司的，但也未必會派那個人去製作麵包。「我想做麵包！」若他本人有強烈意願的話，那就另當別論。大部分的人都是帶著「麵包店似乎很有趣」、「我喜歡吃麵包，所以我想要在麵包店內工作看看」這種輕鬆的想法進入公司的。實際上，才能這種東西誰也不知道。畢竟，有些事要親自做過後才會發現。若是負責做麵包的員工的話，首先會從銷售、服務的工作做起。這是因為，我想要讓員工去感受「本店會製作、販售什麼樣的麵包」、「什麼樣的客人會買」。如果沒有客人，麵包店這一行是做不下去的。我希望員工

們能在客人附近，實際地和客人交流，親身感受這一點。

之後才會將員工分發到廚房。由於此時大概已經知道該員工是什麼樣的人，所以會請適合的老員工來教導工作內容。

本店並不是沒有工作手冊。舉例來說，手冊中會記載，製作三明治時，要使用何種麵包，要夾什麼配料，份量多少，但不會說份量一定要剛剛好才行。

其實，撰寫該工作手冊的是有製作麵包經驗的員工。該員工現在主要負責事務工作。這種工作手冊是那樣，材料的訂購系統亦然，包材等物品的管理亦然，官網的點子亦然，他會提出「這樣做如何？」這樣的意見，而且意見確實很正確。拜他所賜，店鋪的工作效率一口氣提升，且有助於提升製作效率。這種事並非誰都做得來。因此，我拜託他去負責事務的工作。同樣地，有的員工雖然一開始想在廚房內工作，但卻在銷售、服務的工作中找到樂趣，幹勁十足地工作著。

另外，現在擔任糕點專賣店「Atelier TRASPARENTE」店長的人，原本是在廚房工作「TRASPARENTE」的員工。在「Atelier TRASPARENTE」開幕前，她也擔任了「TRASPARENTE」的副店長。在一起工作的過程中，我認為她把工作做得很好，而且又有做糕點的才能。由於身為副店長的她不僅會做麵包，而且還很照顧員工，所以我相信如果是她的話，應該沒問題，便決定讓她擔任新開的糕點專賣店的店長。

這種才能是自己很難察覺的。我認為，找出一個人的優點，並賦予他能夠發揮能力的職位，正是我這個領導者的任務與責任。

所有員工的班表都由我來排

店鋪的經營工作，像是什麼商品要製作多少數量，會交由各店來負責，但只有這項工作不會假手他人。那就是製作所有員工的班表。

麵包店的工作與一般企業不同，大家不會都在同樣的時間上班，也不會都在同一天放假。有的人較早上班，有的人較晚，休假日也都不同。我會一邊思考各員工的工時，一邊排出各店的班表。

雖然我似乎也有聽到「交給各店負責不就好了」的意見，但親自排班表這件事是有意義的。會這樣說是因為，在排班表時，我會考慮很多因素，工時和休假也是如此。若某個員工進入公司的時間還不長的話，就必須準備好願意教他的人與日程的步調，相反地，若某個員工已經適應工作，差不多可以讓他獨立作業時，就會讓他進入下一個階段。由於要和別人一起工作，所以組成團隊時的契合度也很重要。因此，我會一邊反覆地思考這些事，一邊排班表。

我在「TRASPARENTE」的工作，在真正的意義上而言，是面對各個員工，發掘出他們各自的能力，並給予適當的職位。

在排班表時，我必須熟知各員工的資料才行。我本身也會親自到店裡看看，主要負責人事相關工作的事務人員更是會頻繁地奔走於各店，各店的店長會各自掌握店內員工的情況，將意見反饋給我。在排班表時，我會基於這些意見來進行整體性的考量。

當然，每位員工應該都會有各自的私人行程吧。為了排出下個月的班表，我會先請員工們在每月20日之前提出需求，然後我會在5天後的25日之前，將班表排好。負責將我寫好的班表整理成Excel檔案的是，前述那位非常擅長這類事務工作的員工。他做起事來不拖泥帶水，令人非常放心。

「TRASPARENTE」的未來展望

在「TRASPARENTE」工作的未來性

「TRASPARENTE」在 2018 年迎接了 10 週年。創立之後，店鋪與員工數量都增加了。

日本的餐飲店的變化很劇烈，尤其是東京。直到昨天都還在的店面，某天就突然消失了，這種情況並不罕見。想要成為受到喜愛的麵包店的話，有兩點是必要的。第 1 點為，遵守做麵包的基本功，然後第 2 點則是，加入該店才有的要素。也就是，要先有扎實的骨架，然後再持續進行潤飾。這裡的潤飾指的就是個性。個性並非只是表現自我。讓區域與客人的心聲反映在麵包這項商品上。這也是很棒的個性，「TRASPARENTE」採用的就是這種作法。

拜此所賜，有不少人來問我要不要展店。我不想要徒然地增加店鋪數量，不過若是時機和條件適合的話，我認為可以再繼續展店。

我會開很多店是有理由的。如同我在 174 頁的「所謂的打造店面」當中所說的那樣，理由就是為了穩定的經營。不過，並非只有那樣。在經營店鋪時，目前的現狀為，若店鋪成為人氣店家的話，職位較高的人相對地比較容易讓人氣反映在自己的收入上，但若是一般員工的話，即使獎金會稍微增加，但收入的成長幅度很難與努力程度成正比。為了打破這一點，我增加了店長這個職位的數量。意思也就是增加店鋪數量。只要努力的話，收入和地位都會提升。在工作上，這會成為一項很大的激勵作用。

同時，對於想要自己開店的員工來說，即使不選擇自立門戶，也能以店長的形式來獲得該店的處理權。這樣做也是希望員工在「TRASPARENTE」做好將來的準備。根據我自己本身的經驗，我能深刻地體會到，要從頭開一間店的話，需要龐大的資金和精力。在開店資金方面，我認為要先準備好幾千萬日圓才行。

接著則是信用。至於信用指的是什麼

的話，那就是要租店面，以及向金融機構借錢。如果想要以個人的形式來跨越這項難關的話，難度會非常高。我之所以讓「TRASPARENTE」變成股份有限公司，跟這一點有很大關係。實際上，不管是股份有限公司，還是自雇者，我們平常的工作內容都不會變。一旦牽扯到外部的話，情況就不一樣了。遭遇到上述那種情況時，讓店面成為股份有限公司會有較多好處。我非常清楚，要藉由成立公司，才能讓對方信任我們。

就算再怎麼努力，若沒有獲得回報的話，那不是太可悲了嗎？努力的話，就會有相應的回報，而且下個階段正在好好地等著你，我想要藉此來提升員工們的工作動力。這就是我的想法。

想要提升麵包店的地位

在讓「TRASPARENTE」的員工們感受到未來性之前，我的目標為，提升麵包店的地位。麵包店其實是很值得去做的工作。在日本人平常的餐桌上，麵包已成為不可或缺的食品。這就是我們製作麵包的理由，而且透過美味的麵包，能讓人們露出笑容。藉由使用當地食材，參加當地活動，也能對地區做出貢獻。若要再多說一點的話，在該地區開麵包店，還能創造就業機會。

我希望在麵包店工作的人，能自信地認為這是一項很棒的工作，也希望以麵包店為目標的人會變得更多。畢竟，只要有更多人投入這個行業，整個業界就會很興盛。

說到現狀如何的話，我覺得，有的人雖然對麵包店有興趣，但卻會產生「似乎

很難取得休假、要從早上工作到晚上、不管到了幾歲，都要在店內做耗費體力的工作，很累人」這類先入為主的印象。而且我認為，這類負面印象會讓對麵包店工作有興趣的人，到了即將開始工作時，卻又猶豫不決。

沒有那回事喔。在麵包店工作也是能夠按時休假的，在工時方面，也不用從早做到晚。一一地解決這類問題，並打造出讓人「想要在這裡工作」的職場環境。在「TRASPARENTE」內，我們正在一一地實踐這些項目。

另外，隨著年齡增長，在體力方面變得對廚房工作感到較吃力時，也能夠成為指導者，或是進行調職，改做與公司營運相關的事務工作。

我希望「TRASPARENTE」能夠率先建立起「麵包店是個友善的工作環境、即使年齡增長，也能放心工作」這種機制，提升麵包店整體的水準，進而對提升麵包店的地位做出貢獻。

採取客觀的角度

若「TRASPARENTE」的店鋪數量要再稍微增加的話，具體來說，大致上的標準應該是 10 間吧。我正在計畫這樣做。

這樣做也就是在建立一個能對自己公司的平日業務提出疑問的部門。內部也好，外部也好，我認為不同的觀點是必要的。這不僅是為了要讓店鋪和公司能夠順利地經營下去。當店鋪數量增加，員工人數變多時，由於過去都很順利，所以會變得容易過度相信自己的做法很好。我對這點感到很擔憂。同時，我無法充分注意到的事情也會增加吧。例如，是否有好好地

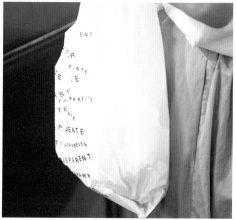

做麵包、是否有好好對待客人、是否有徹底進行衛生管理。在每天的工作當中，就算員工本身會逐一地檢查各事項，並將問題解決，還是可能會有遺漏。

必須要以客觀的角度來指出在「TRASPARENTE」中沒有察覺到的事項，如果該事項會成為問題的話，就進行改善。我覺得，本公司就快要面臨到需要採取這種做法的時期了。每天都在該處度過的話，就會覺得該處所發生的事情是理所當然的。就是這一點令人擔心。雖然某件事在自己公司內是常識，但在外部的話，卻很有可能是不合常理的事。

人類的本能是無論如何都會寬待自己的。因此想要在內部指出問題是很困難的一件事。就算能夠指出問題，若該問題和自己很有關聯的話，各種情感就會混雜在一起，使人很難順利地接受這個問題。若該意見是某個人以客觀的角度提出的，應該就會比較容易接受吧。為了讓身為麵包店與公司的「TRASPARENTE」能夠進一步地成長，使其徹底地接受嚴格檢驗的階段已到來。

為了客人、員工、與麵包相關的所有人

何謂工作？對於某個人來說，也許是自我實現。對於另一人來說，也許是認真賺錢。對「TRASPARENTE」來說，則是為了顧客與員工們。

做出能讓客人開心的麵包，並打造一個能讓人輕鬆品嚐麵包的場所。為了達到此目的，員工們若不能讓身心都保持健康狀態，並在工作時互相體諒的話，整個團隊就無法順利運作，也做不出受到客人喜愛的麵包。

沒錯，我想要透過麵包來讓所有「TRASPARENTE」的相關人士都露出笑容。這就是我最初開店的動機，也是至今仍不變的心願。

「TRASPARENTE」的所有店面

除了開在東京‧東急東橫線沿線的中目黑店、學藝大學店、都立大學店、糕點專賣店這4間以外，還開了位於東京都心的飯田橋店、東京郊外的立川店、鵠沼海岸店。2018年9月也在靜岡縣磐田開了新店。各店都很有特色，並備齊了貼近當地民眾的各種麵包商品。

URL http://trasparente.info/　　Instagram https://www.instagram.com/trasparente_2008/

TRASPARENTE 中目黑店

負責發揮總店作用的是2008年5月開幕的本店。位於當地人潮眾多的商店街內，從中目黑站只要走2～3分鐘。

東京都目黑区上目黑 2-12-11 1F
Tel:03-3719-1040

TRASPARENTE 學藝大學店

2011年7月開幕的2號店。孤零零地佇立在車站附近的小店，空間約14坪大，充滿家庭式的氣氛。

東京都目黑区鷹番 3-8-11 1F
Tel:03-6303-1668

TRASPARENTE 都立大學店

地點位於都立大學站沿線上。2015年2月開幕。店內大小與中目黑店大致相同，咖啡館空間內準備了20個座位。

東京都目黑区中根 1-2-5 1F
Tel:03-6356-7491

Atelier TRASPARENTE（糕點專賣店）

本店是一間與中目黑店相鄰的蛋糕‧烘烤類糕點專賣店。在2018年2月開幕。從一片餅乾到生日蛋糕、禮盒都賣。

東京都目黑区上目黑 2-12-11 1F
Tel:03-3719-1040

Sesto（立川店）

2016年3月在車站大樓內開幕。不僅販售麵包，也很重視雜貨的販售。寬敞的店內也設置了悠閒的咖啡館空間。

東京都立川市柴崎町 3-2-1 グランデュオ立川 1F
Tel:042-540-2235

Quinto（鵠沼海岸店）

2018年5月在鵠沼海岸站附近開幕。店內備有披薩烤窯與鐵板等設備，咖啡館的餐點種類豐富，從大份量餐點到甜點都有。

神奈川県藤沢市鵠沼海岸 2-2-11 1F
Tel:0466-54-7696

TRASPARENTE La Luce（磐田店）

首家開在首都圈外的店鋪。在 2018 年 9 月開幕，從靜岡縣磐田站步行 5 分鐘可抵達本店。咖啡館空間寬敞，停車場很完善，也有開辦麵包教室。

靜岡縣磐田市中泉 399-3
Tel:0538-88-9352

Panis da Vinci（飯田橋店）

2014 年 10 月在飯田橋的辦公大樓 1 樓開幕。在店內，麵包銷售處與咖啡館空間像是要將廚房圍起來似的。

東京都千代田区富士見 2-10-2 サクラテラス 1F
Tel:03-5212-1118

森 直史　Naofumi Mori

TRASPARENTE 股份有限公司 代表董事

1979 年出生於東京。高中畢業後，一邊就讀專門學校，一邊在「四季酒店椿山莊東京」、「巴黎的早市 東武池袋店」、「La Luna Rossa」等地累積經驗，然後前往義大利。曾在佛羅倫斯、波隆那學藝 3 年半。在波隆那的餐廳「Salaborsa」擔任過甜點、麵包的料理長。回國後，曾在「Aux Bacchanales」工作，2008 年 5 月在東京・中目黑創立「TRASPARENTE」。從 2012 年開始成為麵包店的老闆，共經營 8 間店鋪。

染谷 茜　Akane Someya

《TRASPARENTE 的麵包哲學》製作負責人、「Sesto」（立川店）店長

自 2011 年開始，在「TRASPARENTE」中目黑店擔任銷售人員。後來，曾到服飾品牌的餐飲部門工作，在 2015 年再次進入「TRASPARENTE」任職。累積了在各店工作的經驗後，在「Sesto」開幕的同時成為該店店長。目前，一邊擔任店長，一邊參與展店工作。

TITLE

TRASPARENTE 東京名店的麵包哲學

STAFF

ORIGINAL JAPANESE EDITION STAFF

出版	瑞昇文化事業股份有限公司	編集	羽根則子
作者	森 直史	撮影	片柳沙織（invent）
譯者	李明穎		※p190 学芸大学店、都立大学店
監譯	大放譯彩翻譯社		p191 トラスパレンテ ラルーチェ、パーニス ダ ヴィンチ除く
		装丁・デザイン	中山詳子（松本中山事務所）
總編輯	郭湘齡	「トラスパレンテ」制作担当	染谷 茜（トラスパレンテ）
文字編輯	徐承義　蕭妤秦　張聿雯	協力	藤沼由紀　戸塚未渚　榎戸智美
美術編輯	許菩真		（3名とも、トラスパレンテ）
排版	曾兆珩		
製版	明宏彩色照相製版有限公司		
印刷	龍岡數位文化股份有限公司		

法律顧問	立勤國際法律事務所　黃沛聲律師
戶名	瑞昇文化事業股份有限公司
劃撥帳號	19598343
地址	新北市中和區景平路464巷2弄1-4號
電話	(02)2945-3191
傳真	(02)2945-3190
網址	www.rising-books.com.tw
Mail	deepblue@rising-books.com.tw

本版日期	2020年9月
定價	480元

國家圖書館出版品預行編目資料

TRASPARENTE：東京名店的麵包哲學
/ 森直史著；李明穎譯. -- 初版. -- 新北
市：瑞昇文化, 2020.06
　192　面；18.2 x 24.7　公分
ISBN 978-986-401-420-0(平裝)

1.點心食譜 2.麵包

427.16　　　　　　　　109007192